吐哈盆地及邻区
重磁资料综合研究

张春灌 著

中国石化出版社
HTTP://WWW.SINOPEC-PRESS.COM

图书在版编目（CIP）数据

吐哈盆地及邻区重磁资料综合研究/张春灌著．
—北京：中国石化出版社，2021.10
ISBN 978-7-5114-6498-9

Ⅰ.①吐… Ⅱ.①张… Ⅲ.①含油气盆地-重磁勘探-研究-新疆 Ⅳ.①P618.130.8

中国版本图书馆 CIP 数据核字（2021）第 217294 号

中国石化出版社出版发行
地址：北京市东城区安定门外大街 58 号
邮编：100011　电话：(010)57512500
发行部电话：(010)57512575
http://www.sinopec-press.com
E-mail：press@sinopec.com
北京科信印刷有限公司印刷
全国各地新华书店经销
*
710×1000 毫米 16 开本 11.25 印张 220 千字
2021 年 11 月第 1 版　2021 年 11 月第 1 次印刷
定价：58.00 元

前　言

吐哈盆地及邻区位于亚洲大陆中部，当前表现为博格达－哈尔里克山、觉罗塔格－北山及其所夹持的吐哈盆地组成的“两山夹一盆”构造格局。吐哈盆地是否具有前寒武纪的结晶基底，盆地受到周缘造山带什么样的控制作用，这些问题引起了地学界的广泛关注。此外，盆地的基底属性、盆地与周缘造山带的接触关系也是研究新疆地区构造演化的重要内容。地球物理学参数在反演盆山构造及深部结构方面具有独特优势。本书基于吐哈盆地及邻区重磁资料的综合研究，分析了盆地的构造格架、岩浆岩的分布规律、盆地与周缘造山带的关系、板块间界线的位置等，以期帮助读者更好地理解吐哈盆地及邻区的构造演化。

本书通过对重磁数据的统一处理及解释研究，整理了关于吐哈盆地及邻区的整体成果资料，形成了关于区域地质构造的整体认识，将以往关于一些重要地质问题的不同认识进行综合、归纳和提升，从整体上做出了较为合理的解释，形成了关于吐哈盆地及邻区的地质构造格架、深部结构特征、岩浆岩分布规律、板块界线的再认识，以及关于博格达山“山根”问题及吐哈盆地中生界及石炭系－二叠系分布特征等工作的较为整体的认识，可为后续吐哈盆地及邻区相关地质问题研究提供可靠的基础数据和较高的认识起点。

本书由“西安石油大学优秀学术著作出版基金”资助出版，在此向一直关心本书出版工作的西安石油大学科技处和地球科学与工程学院的领导及同事表示最衷心的感谢。书中内容主要由作者博士期间及陕西省教育厅科研计划项目（18JK0616）等近几年的科研成果深化而成，在此特向作者导师董云鹏教授表示最诚挚的感谢。本书编写过程中得到西安石油大学袁炳强教授，中国地质调查局西安地质调查中心李玉宏教授级高级工程师、卢进才教授级高级工程师，中国地质大学（北京）安玉林教授，西北大学程顺有教授、郭安林教授、李玮教授，中国地质调查局发展研究中心张明华教授级高级工程师，西安石油大学宋立军教授等专家的指导。研究生韩梅、张冕等参加了部分文字录入、校对及部分插图清绘工作。在此，向对本书编写和出版给予支持和帮助的所有人员及机构表示衷心的感谢！

吐哈盆地及邻区构造复杂，由于作者知识水平有限，本书中所阐述的认识及观点尚有待进一步深化、修正。书中不足之处，敬请读者批评指正！

目　　录

第一章　资料分析

第一节　重力资料

我国西北地区重力测量工作开始于1940年年初，由勘探地球物理学前辈翁文波首先在玉门油田使用了重力勘探。中华人民共和国成立以来，在西北地区开展了以石油普查、地震预测和地球形状测量为目的的区域重力测量，和以铬铁矿等矿产为主的大比例尺矿区重力勘探，先后由原石油部、地质部、国家地震局、国家测绘局和总参测绘局等部门进行了不同比例尺、不同精度的工作(冯治汉等，2018)。1978年开始，由孙文珂等地球物理学家倡导，在全国开展系统正规的区域重力调查工作，主要工作由原地矿系统地球物理勘探单位实施。其中，吐哈盆地及邻区开展了大量1:10万~1:100万重力调查工作。

本书所涉及研究内容所用重力资料包括1:10万、1:20万、1:25万、1:100万等比例尺的重力数据，由于东北角位于蒙古国境内的数据缺乏，所用资料为加利福尼亚大学圣地亚哥分校斯克里普斯海洋研究所(Scripps institution of oceanography，university of California San Diego)发布的最新自由空间重力资料(V29)，资料分布如图1-1所示。

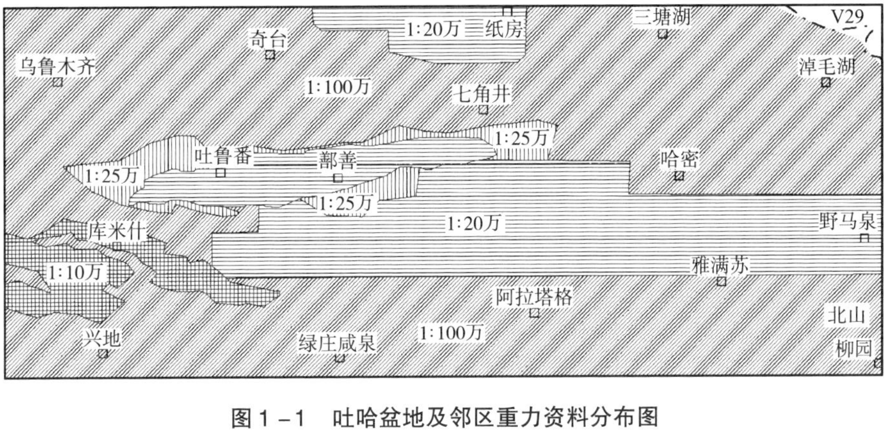

图1-1　吐哈盆地及邻区重力资料分布图

1∶10 万重力资料分布于西南部库米什一带，面积约 1.1 万 km^2；1∶20 万重力资料分布于纸坊、鄯善－野马泉一带，面积约 6.9 万 km^2；1∶25 万重力资料分布于吐鲁番西部、七角井南部、鄯善南部一带，面积约 1.0 万 km^2；1∶100 万重力资料分布于乌鲁木齐－淖毛湖、兴地－柳园一带，面积约 17.9 万 km^2。蒙古国境内及靠近国界线资料空白区的重力资料来源于斯克里普斯海洋研究所发布的最新自由空间重力数据(Sandwell et al.，2009；2013；2014)，面积约 0.2 万 km^2。

布格重力异常数据是重力资料处理与解释的基础数据。由于重力资料来源于不同单位、不同年代的实测数据或者编制的网格化数据，所以有必要对这些重力数据进行统一编图，从而获得吐哈盆地及邻区的布格重力异常数据。要计算布格重力异常，必然涉及各项重力校正，一般情况下包括地形校正、中间层校正、高度校正以及正常场校正。吐哈盆地及邻区面积较大，东西向长约 696.4km，南北向长约 389.6km，如此大范围的各项重力校正需要考虑地球曲率的影响。另外，该区海拔高程介于－155.8m～4688.1m 之间，地形起伏较大，如果利用传统的重力校正方法，可能会造成较大的误差(安玉林等，2010)。因此，本书利用安玉林等提出的“考虑地球曲率影响的纯球坐标系内各项重力校正值的计算方法”(安玉林等，2010)进行各项重力校正。

虽然重力资料来源于多种数据，但是我国境内重力工作基础较好，完全能够利用考虑地球曲率影响的纯球坐标系内各项重力校正值的计算方法进行统一编图。蒙古国境内的重力资料为基于斯克里普斯海洋研究所发布的最新自由空间重力数据(Sandwell et al.，2009；2013；2014)以及地形高程数据库 SRTM30_ PLUS V11(Smith et al.，1997；Becker et al.，2009)数据，利用考虑地球曲率影响的纯球坐标系内各项重力校正值的计算方法进行地形校正以及中间层校正，可以计算得到的布格重力异常数据。对比 V29 中的自由空间重力异常图和 Forsberg 等发表的基于蒙古国于 2004～2005 年通过航空重力调查获得的自由空间重力异常阴影图(Forsberg 等，2007)，发现两者之间差异并不明显，表明 V29 中的自由空间重力数据可靠，利用其计算得到的布格重力异常能够弥补东北角重力异常数据需求。

第二节　磁力资料

我国西北地区航磁工作始于 1961 年，主要由原国土资源航空物探遥感中心完成，原冶金部航空物探大队在少量铁矿带进行了小面积测量(冯治汉等，

2018）。其中，吐哈盆地及邻区开展了大量 1：5 万～1：100 万磁力调查工作。

本书所用磁力资料包括 1：20 万、1：50 万、1：100 万等比例尺的磁力数据，资料分布如图 1－2 所示。

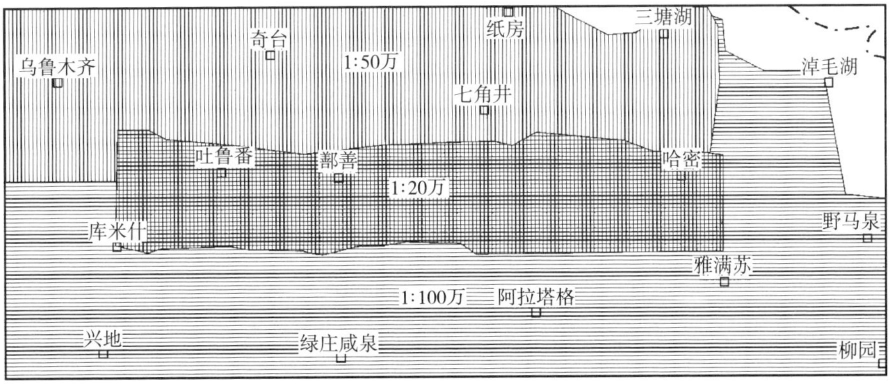

图 1－2　吐哈盆地及邻区磁力资料分布图

1：10 万磁力资料分布于吐鲁番－哈密一带，面积约 $5.3\times10^4km^2$；1：50 万磁力资料分布于乌鲁木齐－三塘湖一带，面积约 $8.2\times10^4km^2$；1：100 万磁力资料分布于兴地－雅满苏一带，面积约 $11.9\times10^4km^2$。靠近国界线为磁力数据空白区，面积约 $1.7\times10^4km^2$。

第三节　地震资料

本书收集并整理了新疆东北部及邻区 21 条二维地震剖面，4 条地震层析成像反演剖面，2 条深地震测深剖面，剖面位置如图 1－3 所示。

21 条二维地震剖面总长约 1974km，其中，19 条分布于吐哈盆地，2 条分布于三塘湖盆地。吐哈盆地西部吐鲁番坳陷分布有 5 条垂直于构造走向的剖面，东部哈密坳陷则有 6 条剖面近东西向展布，8 条剖面近南北向展布。另外，哈密坳陷黄田凸起地震测线分布较多，其中，有 5 条总长约 200km 的二维地震剖面资料为 2016 年采集的资料。

4 条地震层析成像反演剖面总长约 1460km，分布于博格达山南北两侧以及东准噶尔地区，其中，2 条近东西向横穿准噶尔盆地，1 条近东西向横穿吐哈盆地，另外 1 条北东向横穿博格达山（赵俊猛等，2004；2008；王在华等，2008）。1 条深地震测深剖面为 1988 年原地质矿产部实施的阿尔泰－阿尔金地学断面的北段

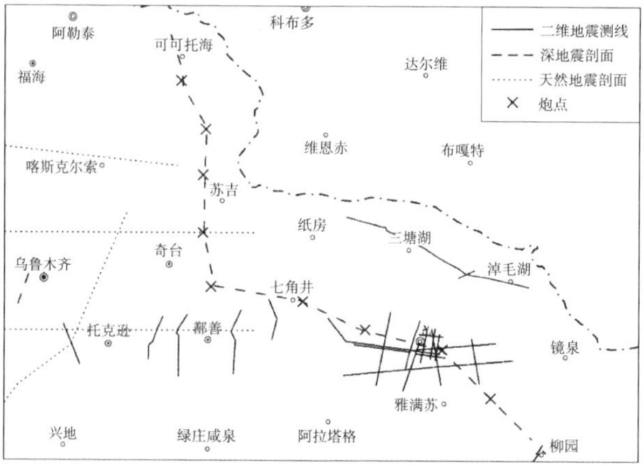

图 1 -3　新疆东北部及邻区地震资料分布图

（王有学等，2004），自北向南起始于阿尔泰山，过东准噶尔低山丘陵、准噶尔盆地、博格达山、吐哈盆地，至东天山，长度约 965km；另外 1 条深地震测深剖面为北北东向穿过乌鲁木齐坳陷的深地震反射剖面（刘保金等，2007），剖面全长 78km。

大多数二维地震剖面都能较好地识别新生界、白垩系、侏罗系、三叠系、二叠系以及石炭系，另外，年代较老的地震剖面品质相对差一些（图 1 -4），而新采集的剖面显然品质比年代较老的地震剖面好（图 1 -5）。

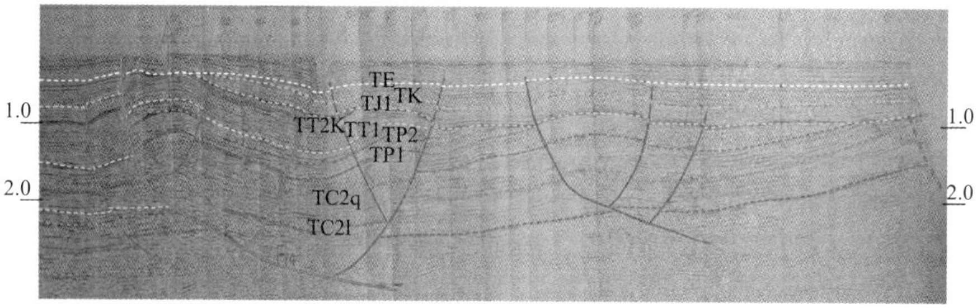

图 1 -4　L_1 地震剖面

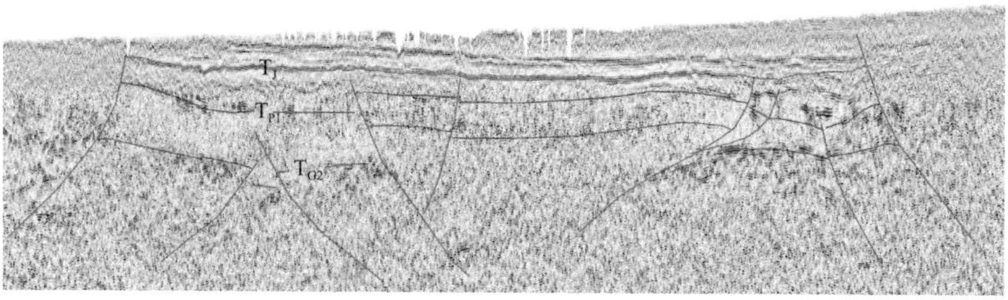

图 1 -5　L_2 地震剖面

第四节　其他资料

本书共收集到吐哈盆地及邻区 88 口石油钻井资料，其中，15 口钻井分布于三塘湖盆地，73 口钻井分布于吐哈盆地(图 1－6)。统计结果显示，吐哈盆地有 18 口井钻遇石炭系、二叠系，55 口井钻遇三叠系、侏罗系。最深为鄯科 1 井，井深 5500m，钻遇新近系、古近系、白垩系、侏罗系、三叠系、二叠系及石炭系。

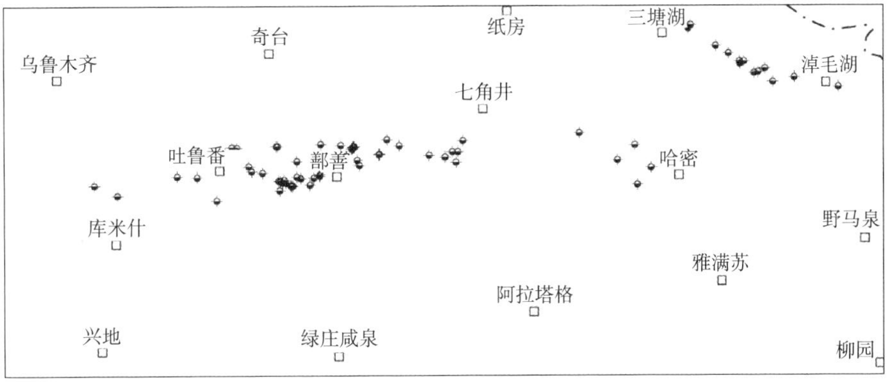

图 1－6　吐哈盆地及邻区钻进资料分布图

另外，本书还收集并整理了新疆东北部及邻区的地质图(图 1－7)。其中，新疆地质图来源于 1999 年完成的中华人民共和国 1∶50 万数字地质图数据库，蒙古地质图来源于 1998 年完成的蒙古国 1∶100 万地质图。

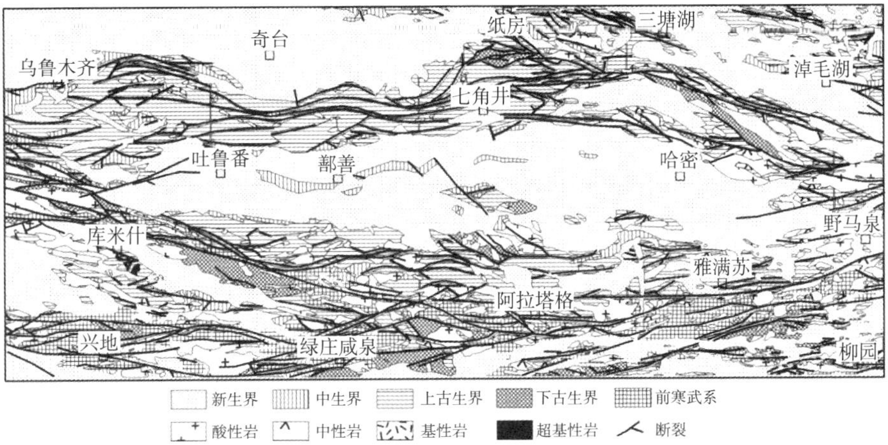

图 1－7　吐哈盆地及邻区地质简图

第二章　区域地质与地球物理特征

第一节　区域地质特征

吐哈盆地及邻区主要涉及新疆维吾尔自治区东部、甘肃省西北部以及蒙古国西南部，总面积约 27.1 万 km^2。自北向南依次为准噶尔 – 三塘湖盆地、博格达 – 哈尔里克山、吐哈盆地、觉罗塔格 – 北山，向北与东准噶尔低山丘陵相邻，向南与库鲁克塔格山和塔里木盆地相接，组成地貌上“两山夹一盆”的构造格局（图 2 – 1）。

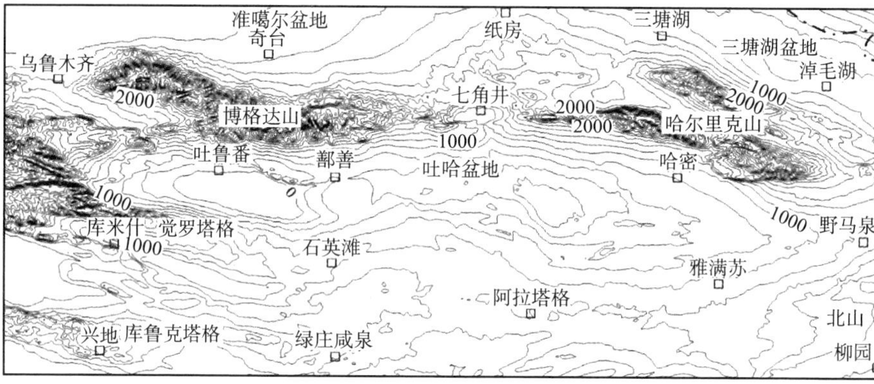

图 2 – 1　吐哈盆地及邻区地形高程图

高程数据来源于斯克里普斯海洋研究所发布的地形高程数据库 SRTM30_ PLUS V11

一、区域构造格架

新疆地区具有悠久的陆壳历史，多次重大地壳变化造成了该区不同地质构造单元性质及类型的不同。在大地构造格架中，吐哈盆地及邻区跨越了两个大的一级构造单元，即哈萨克斯坦板块和塔里木板块（图 2 – 2）。其中，吐哈盆地及邻区主体属于哈萨克斯坦板块，塔里木板块仅涉及一小部分地区。

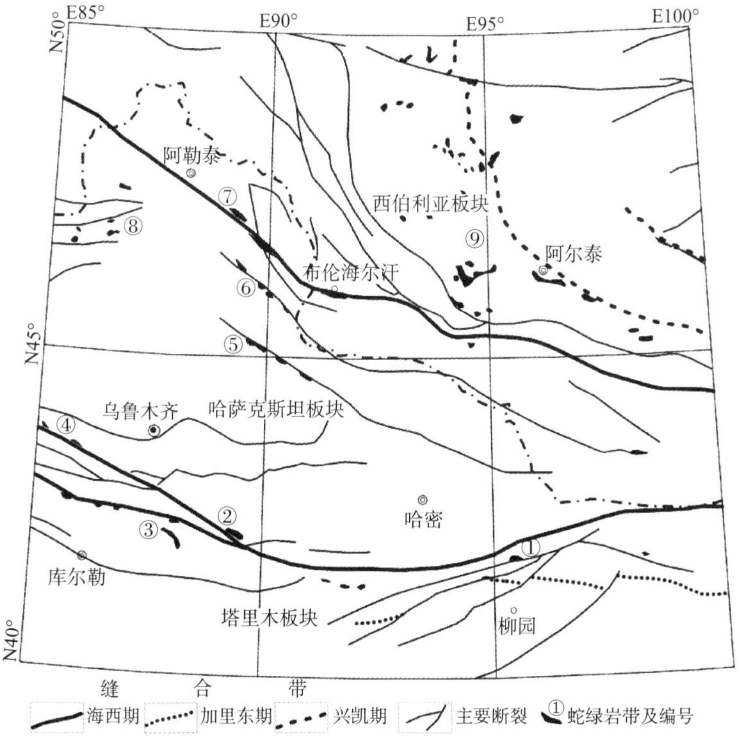

图2-2 新疆东北部及邻区大地构造略图(据任纪舜等，1999，有修改)

①红柳河带；②干沟带；③榆树沟带；④巴音沟带；⑤克拉美丽带；⑥阿尔曼太带；⑦额尔齐斯-布尔根带；⑧洪古勒楞带；⑨蒙古西部带

西伯利亚板块位于哈萨克斯坦板块北侧。据报道，出露于西伯利亚板块阿尔丹地盾的变质岩中角闪石K-Ar同位素年龄为3400Ma、紫苏辉石K-Ar同位素年龄为4500Ma；阿纳巴尔地盾变质岩的区域变质年龄为2300~3150Ma，这些太古代麻粒岩相和角闪岩相变质岩共同组成了西伯利亚古陆的古老陆核(王广瑞，1996)。

哈萨克斯坦板块夹于西伯利亚板块与塔里木板块之间，宏观呈北西走向分布于该区中部，是吐哈盆地及邻区涉及面积最大的一个板块构造单元。同塔里木板块和西伯利亚板块一样，哈萨克斯坦板块也有古老的陆核。该板块构造复杂，前寒武纪古老地块零星分布，面积较小，大部分地区为加里东期和海西期褶皱带。

在新疆甚至中亚，塔里木板块堪称最大的一个构造单元，向东可能与柴达木地块相接，向西可能与卡拉库木地块相连，规模宏大，在新疆乃至中亚的地质构造发展史中占有重要的地位(王广瑞，1996)。胡霭琴等获得了2854Ma、3263Ma、3362Ma库鲁克塔格地区托格杂岩(原达格拉格布拉克群)的同位素年龄值，龙晓平等获得了3120Ma前库鲁克塔格地区托格杂岩(原达格拉格布拉克群)的同位素年龄值，证明了塔里木板块北缘地区存在太古界(胡霭琴等，1997；龙晓平等，2011)。

新疆东北部及邻区主要发育有兴凯期、加里东期及海西期缝合带(任纪舜等，1999)。兴凯期缝合带主要分布于蒙古西部湖区及杭爱山一带，宏观呈北西走向，缝合带沿线发育大量蛇绿岩。杭爱山兴凯期缝合带延伸较短，而湖区兴凯期缝合带明显被近东西向断裂错断。加里东期缝合带主要分布于北山一带，宏观呈近东西走向，明显被北东东走向的断裂错断为多段。海西期缝合带为该区主要的缝合带，发育规模大，缝合带沿线陆续发育有蛇绿岩，明显把新疆东北部及邻区分为西伯利亚板块、哈萨克斯坦板块及塔里木板块。

阿尔泰以及东准噶尔的断裂和褶皱，在巴里坤东北的三塘湖与天山的东西构造带交接，其走向为北西西向。东准噶尔和阿尔泰山的断裂与该区的岩浆活动关系密切。东天山构造带主要呈近东西向横贯新疆东部，向东与阴山东西构造带相接，整个天山构造带是一个巨型的纬向构造带。在天山构造带内，元古宙变质岩组成的中天山隆起带对天山构造带的发育起着骨架作用，将天山分为南北两个不同的构造演化带。东天山构造带的岩浆活动与断裂关系密切，分布方向也与构造线一致。

吐哈盆地及邻区断裂十分发育，尤其是各造山带(图1－7)。西南角兴地一带(库鲁克塔格)，主要断裂呈近东西向展布，而其东侧的绿庄咸泉一带，则发育有规模较大的北东东向断裂，切割了近东西向断裂。东南角柳园一带(北山)，主要断裂呈近东西向或北东东向展布，规模较小的次级断裂亦十分发育，展布方向并无明显的规律，和岩浆发育密切相关。南部托克逊南－阿拉塔格－野马泉南一带(觉罗塔格、北山)，主要断裂宏观看似弧形，呈北西西向－近东西向－北东东向展布，次级断裂十分发育，主要有北东向及北西向展布，次级断裂多切割主要断裂。北部乌鲁木齐－七角井一带(博格达山)，主要断裂呈近东西向展布，次级断裂主要有北东向及北西西两组，次级断裂往往切割主要断裂。东北部纸坊－野马泉北一带(东准噶尔、巴里坤山、哈尔里克山)，断裂十分发育，主要展布方向为北西向。

吐哈盆地、准噶尔盆地、三塘湖盆地等主要盆地地表出露多为新生界，断裂发育不甚明显(图1－7)。吐哈盆地地表断裂主要见于其中部古生界及中生界出露地带，三塘湖盆地地表断裂主要见于其东、西两侧古生界出露地带，准噶尔盆地地表断裂亦主要见于中生界及古生界出露地带。

二、蛇绿岩

美国地质学会 Penrose 会议(1972 年)明确了蛇绿岩的定义，蛇绿岩应具有完整的蛇绿岩剖面，可以与现代大洋洋壳直接对比，是基性岩至橄榄岩的一套特殊的共生组合，即从顶部向下的层序依次为枕状熔岩层、席状岩墙杂岩层、镁铁堆积岩层、超镁铁堆积岩层和变形橄榄岩层(嵇少丞等，2014)。自板块构造理论引入地学界以来，地质学家对作为地体边界的蛇绿岩进行了深入研究，尽管在蛇绿岩的形成环境方面仍然存在多种争议，但是蛇绿岩带作为古老大洋的残片这一结论仍然得到了研究人员的广泛认同(Miyashiro，1973；Shervais，1982；Pearce 等，1984；Kusky 等，2001；Furnes 等，2007；Dilek 等，2011)。新疆东北部及邻区主要分布有 9 个蛇绿岩带，具体分布见图 2－2。

1. 红柳河蛇绿岩带

红柳河蛇绿岩带位于东天山东段新疆和甘肃交界的红柳河一带，处于塔里木板块和哈萨克斯坦板块汇聚带的东南缘(郭召杰等，1993)。前人对红柳河蛇绿岩的构造变形、岩石组合、地球化学特征、成因机制等方面开展了大量的研究工作(周国庆，1988；郭召杰等，1993、1999、2006；于福生等，2000)。最初，周国庆根据蛇绿岩中的珊瑚化石碎片推测红柳河一带蛇绿岩形成时代为中晚志留世。之后，于福生等获得了蛇绿岩中辉长岩的$^{206}Pb/^{238}U$ 表面加权平均年龄为(425.5 ± 2.3)Ma；张元元等测得蛇绿岩中堆晶辉长岩的锆石 SHRIMP U－Pb 同位素年龄为(516.2 ±7.1)Ma。

2. 干沟蛇绿岩带

干沟蛇绿岩带位于中天山北缘干沟一带，岩石组合出露较为齐全，包括玄武岩、辉绿岩、辉长岩、变质橄榄岩(蛇纹岩)等构造岩块。干沟一带强烈变形的眼球状花岗岩的侵位年龄为 428Ma 左右，而无明显变形的细粒花岗岩的形成年龄为 361 ~368Ma(石玉若等，2006)。干沟蛇绿杂岩带主要由弧前火山－沉积岩系的混杂基质及其裹胁的构造岩块组成，后者主要包括蛇绿岩残块、岛弧火山岩残块，以及大理岩、花岗岩等外来构造岩块，并因蛇绿岩及岛弧火山岩的出露而成为古板块缝合带的标志(董云鹏等，2006)。

3. 榆树沟蛇绿岩带

榆树沟蛇绿岩带出露于南天山北缘榆树沟－铜花山混杂岩带中，地质研究人员普遍认为其是蛇绿岩(吴文奎等，1992；马瑞士等，1993；舒良树等，1996；王润三等，1999；徐向珍等，2011；杨经绥等，2011)，并通过研究认为，塔里木板块与哈萨克斯坦板块以及夹于两板块之间的南天山地块在早泥盆世时碰撞拼接，形成了缝合带(Charvet 等，2007；徐向珍等，2011；杨经绥等，2011)。近年来，嵇少丞等研究认为，榆树沟麻粒岩与橄榄岩分别代表早古生代时塔里木板块北部大陆地壳莫霍面附近的下地壳底部与上地幔顶部的岩石，并非蛇绿岩成因，中天山陆块和南天山陆块可能都是前寒武纪后从塔里木板块离散出来的块体，塔里木板块与哈萨克斯坦板块之间的界线位于中天山北缘(Gao 等，1998；Chen 等，1999；嵇少丞等，2014)。

4. 巴音沟蛇绿岩带

巴音沟蛇绿岩带位于天山北部巴音沟一带，呈北西西走向，是一条重要的缝合带(Allen 等，1993；Gao 等，1998；Xiao 等，2004)。该带主要发育一套泥盆纪至石炭纪的沉积岩，包括粉砂质泥岩、粉砂岩、砂岩和少量灰岩。针对该蛇绿岩带前人做了大量的地球化学研究(董云鹏等，2005；徐学义等，2006；韩文中等，2009；陈根文等，2012；苏会平等，2014)。徐学义等采用精细 SHRIMP 锆石U－Pb测年方法测定蛇绿岩中斜长花岗岩年龄为(324.8 ±7.1)Ma，并测得蛇绿岩中堆晶辉长岩的 LA－ICPMS 锆石 U－Pb 年龄为(344.0 ±3.4)Ma；李超等(2013)测得奎屯河蛇绿岩的斜长花岗岩的 SIMS 锆石加权平均年龄为(343.1 ±2.7)Ma，代表了巴音沟蛇绿岩的形成年龄。

5. 克拉美丽蛇绿岩带

克拉美丽蛇绿岩带平行分布于阿尔曼太蛇绿岩带以南地区，受控于克拉美丽区域性深大断裂，沿近北西西向的克拉美丽断裂出露，以构造岩片的形式夹持在泥盆纪和石炭纪地层中(杨梅珍等，2009)。克拉美丽蛇绿岩的岩石组合为变质橄榄岩、辉长岩、辉绿岩和基性熔岩等。唐红峰等采用锆石 SHRIMP U－Pb 同位素定年方法测定蛇绿岩中斜长花岗岩年龄为 373Ma；汪帮耀等测得蛇绿岩中辉长岩的 LA－ICP－MS 锆石 U－Pb 年龄为(329.9 ±1.6)Ma；赵恒乐等通过对蛇绿岩中石英闪长岩单矿物锆石 U－Pb 同位素年龄测定，认为该蛇绿岩形成于 357～492Ma 前。

6. 阿尔曼太蛇绿岩带

阿尔曼太蛇绿岩带位于东准噶尔扎河坝、兔子泉和青平岭一带，断续呈北西－南东展布，主要由蛇纹岩、辉长岩、辉绿岩、玄武岩、斜长花岗岩和硅质岩等组成，是早古生代西伯利亚古陆边缘盆地的洋壳残块（牛贺才等，2009）。金成伟等测得扎河坝堆晶橄榄岩的全岩、辉石和长石矿物等时线年龄478.9Ma；刘伟等测得橄榄岩等时线的Sm－Nd年龄为（479±27）Ma；李锦轶、简平等辉长岩及斜长花岗岩的锆石SHRIMP U－Pb年龄为（489±4）Ma；肖文交等根据9组测试数据得出的$^{206}Pb/^{238}U$加权平均年龄为（503±7）Ma，记录了斜长花岗岩的形成年龄，结合相关大地构造解剖与前人的年龄数据，认为阿尔曼太蛇绿岩是古亚洲洋在晚寒武世－早奥陶世的残余，并且东准噶尔带是阿尔泰南缘在古生代向南增生的弧碰撞－增生造山带。

7. 额尔齐斯－布尔根蛇绿岩带

额尔齐斯－布尔根蛇绿岩带位于新疆北部，西起布尔津西南的科克森套，向东南过富蕴县南的乔夏哈拉至布尔根。尽管额尔齐斯断裂带极为明显，但其中的蛇绿岩出露零星，所以一直难以被公认为一条蛇绿岩带。但该蛇绿岩带一直受到关注，20世纪80年代，张驰、刘峰标等推测额尔齐斯构造带具有蛇绿混杂岩带的性质。后来，何国琦等注意到富蕴县南的乔夏哈拉可能存在超镁铁岩块，曹荣龙认为是准蛇绿岩带，许继峰等在库尔提一带发现了洋壳残片，Wang等讨论了科克森套、乔夏哈拉、库尔提蛇绿岩的连接问题。对应该蛇绿岩的形成时代，张海洋等测得库尔提蛇绿岩中斜长花岗岩的锆石SHRIMP年龄为（372±19）Ma，吴波等测得布尔根蛇绿岩中拉斑玄武岩SHRIMP锆石年龄为352Ma。

8. 洪古勒楞蛇绿岩带

洪古勒楞蛇绿岩带位于西准噶尔和布克赛尔县东南一带，宏观呈近东西向展布。该蛇绿岩堆晶岩发育，缺失大部分上部远洋沉积岩系及镁铁质火山岩。堆晶岩由上部的中－粗粒辉长岩，下部的辉长岩、斜长橄榄岩和粗粒方辉橄榄岩互层共同组成。前人通过K－Ar法及Sm－Nd等时线法测得的年龄差异较大（白文吉等，1986；张弛等，1992；黄建华等，1999）。之后，张元元等测得蛇绿岩中堆晶辉长岩的锆石SHRIMP U－Pb年龄为（472±8.4）Ma，认为洪古勒楞蛇绿岩形成于早奥陶世。

9. 蒙古西部蛇绿岩带

蒙古西部明显存在晚前寒武纪－寒武纪和晚志留世－早泥盆世两个时代的蛇绿岩带，前者分布在以北的俄罗斯山区－萨彦岭和阿尔泰山以东地区，后者则分布在蒙古阿尔泰山以南，并向西有延伸的趋势，明显和额尔齐斯－布尔根蛇绿岩带连成一线。枕状玄武岩枕间产有海绵骨针，蛇绿岩中辉长岩的同位素年龄为(569 ±21) Ma，表明该蛇绿岩带可能形成于晚前寒武纪－寒武纪(何国琦等，2000；李锦轶等，2006)。蒙古西部湖区也是一个重要的晚前寒武纪－寒武纪蛇绿岩出露区，该蛇绿岩上部是礁灰岩、凝灰岩及玄武岩，玫瑰色、红色硅质粉砂岩，较少的安山岩等，下部玄武质凝灰岩、枕状玄武岩，夹碧玉岩。何国琦等认为，蒙古湖区蛇绿岩带的变橄榄岩岩块的 K－Ar 年龄分别为(540 ±24) Ma 和(567 ±11) Ma，岛弧基底的橄榄岩与玄武岩接触变质带为(523 ±23) Ma，蛇绿岩中榴辉岩包体年龄为(535 ±24) Ma。

三、区域地层

吐哈盆地及邻区地层发育齐全，出露的地层有：太古宇、元古宇、古生界、中生界和新生界(图 1－7)。

1. 太古宇(Ar)

太古代地层主要出露于南部塔里木北缘活动带兴地－绿庄咸泉、觉罗塔格褶皱带雅满苏南侧以及北山柳园一带，主要发育太古代片麻岩(Argn)、托格杂岩。太古代片麻岩主要分布于绿庄咸泉西侧以及雅满苏南侧，达格拉格布拉克群则主要分布于兴地－绿庄咸泉一带。

塔里木北缘库鲁克塔格地区最古老的前寒武纪结晶基底主要由 TTG 岩系组成，出露于托格杂岩，分布在辛格尔以南地区，最初被命名为早太古界达格拉格布拉克群，构成了该地区的太古代古老地质体。TTG 岩石的锆石 U－Pb 定年和 Hf 同位素分析结果显示，古－中太古代两阶段模式年龄为 3000～3300Ma，年龄的加权平均值为 3120Ma，表明塔里木北缘库鲁克塔格地区古－中太古代的新生地壳物质的部分熔融是新太古代基底岩系主要来源(龙晓平等，2011)。

2. 元古宇(Pt)

元古宇主要分布于塔里木地块北缘库鲁克塔格地区以及天山地区。

古元古界(Pt_1)主要出露于南部塔里木北缘活动带兴地－绿庄咸泉一带、觉罗塔格褶皱带阿拉塔格东南侧、雅满苏东南侧一带，主要发育古元古界兴地塔格群(PtX)、奥图拉托格拉克群(PtA)。兴地塔格群广泛分布于兴地－绿庄咸泉、阿拉塔格东南侧、雅满苏东南侧一带，奥图拉托格拉克群少面积分布于绿庄咸泉西侧。兴地塔格群以石英片岩、变质砂岩和粉砂岩、石英岩和大理岩为主，夹有火山岩及火山碎屑岩，Pb－Pb 等时线年龄为 2400Ma（胡霭琴等，1997），该群广泛分布于新疆库鲁克塔格中段和西段，与上覆中元古代波瓦姆群及下伏新太古代托格拉格布拉克杂岩呈不整合接触（高振家等，1993）。

中元古界（Pt_2）主要出露于南部塔里木北缘活动带兴地、绿庄咸泉一带，以及觉罗塔格褶皱带，主要发育中元古界长城系杨吉布拉克群（ChY）、星星峡群（ChX）、蓟县系爱尔基干群（JxA）、卡瓦布拉克群（JxKw）。杨吉布拉克群主要分布于南部觉罗塔格褶皱带，为轻微变质的浅海相碎屑岩建造，在兴地塔格地区，与下伏古元古界兴地塔格群呈不整合接触。星星峡群出露在哈密以南星星峡、尖山子、喀拉塔格至鄯善县以南卡瓦布拉克及库米什一带，其中，星星峡及库米什地区变质强烈，多为混合岩，顶部与卡瓦布拉克群（又称尖山子群）呈整合接触，用 SHRIMP 锆石 U－Pb 定年技术得到的 206Pb/238U 和 207Pb/206Pb 加权平均年龄分别为（1436 ±13）Ma 和（1405.2 ±7.8）Ma（胡霭琴等，2006）。爱尔基干群主要分布于觉罗塔格褶皱带东段，为富含硅镁质的浅海相碳酸盐岩建造，与下伏杨吉布拉克群、波瓦姆群分别呈假整合、不整合接触，上部变质火山岩 Rb－Sr 全岩等时线年龄为（1006.3 ±352.6）Ma（高振家等，1993），表明其时代应大于 1000Ma。卡瓦布拉克群主要分布于新疆鄯善县南卡瓦布拉克一带，鄯善县以南卡瓦布拉克泉一带卡瓦布拉克群花岗闪长岩中单颗粒锆石 U－Pb 同位素年龄为（1141 ±60）Ma，主体岩系的形成时间应更早，归属于蓟县纪（修群业等，2002），与上覆寒武系不整合接触、与下伏星星峡群整合接触。

新元古界（Pt_3）主要出露于南部塔里木北缘活动带兴地、绿庄咸泉、北山柳园，主要发育新元古界青白口系帕尔岗塔格群（QnPr）、震旦系（Z）、震旦－寒武系喀拉斯群（Z－∈）。帕尔岗塔格群主要分布于南部兴地－绿庄咸泉－柳园一线，底部与蓟县系爱尔基干群呈假整合或整合，与上覆震旦系贝义西组为明显的不整合。震旦系主要分布于南部兴地、绿庄咸泉、柳园一带，与长城系、青白口系为角度不整合关系。

3. 古生界（Pz）

寒武系（∈）平行不整合于震旦系之上，主要见于南部塔里木北缘活动带兴地、绿庄咸泉、雅满苏南侧等地，在北山地区也有零星出露。在库鲁克塔格地区下寒武统下部为硅质灰岩、中基性火山岩夹磷矿层，上寒武统以灰岩为主，东部相变为白云质硅质岩夹灰岩。在北山地区发育寒武系双鹰山组，主要由黑色硅质岩、浅灰色生物碎屑灰岩组成，其底部有一层灰紫色中薄层状铁质含砾灰岩。该组上与西双鹰山组整合接触，下与洗肠井群(红山口组)平行不整合接触。

奥陶系(O)主要出露于东北部纸坊南－野马泉北、托克逊西侧、黄土崖南侧、绿庄咸泉－柳园一带。新疆北部的奥陶系按其沉积特征可分为3种岩石建造：笔石碎屑岩建造，岩石以碎屑岩为主，夹少量灰岩；碳酸岩及富含钙质的碎屑岩建造，主要见于准噶尔；火山岩建造，主要见于阿尔泰的东锡勒克地区。

志留系(S)大面积出露于南部觉罗塔格山一带，东北部三塘湖一带、吐哈盆地中南部黄土崖地区、东南部北山地区亦有小面积出露。志留系可以划为3个地层分区：北疆区包括阿尔泰、准噶尔及天山等地，志留系多属活动性地带的盆地沉积，除碎屑岩外，有较多火山岩，并有碳酸岩夹层；北山及除北天山外的天山地区沉积类型复杂，既有火山喷发岩、火山碎屑岩沉积，也有稳定型沉积的陆源碎屑岩及碳酸岩；塔里木区以稳定型陆源碎屑沉积为主。

泥盆系(D)分布广泛，大面积出露于哈尔里克山、觉罗塔格山、北山、吐哈盆地中南部。在造山带中，仅博格达－哈尔里克造山带西段未见出露、觉罗塔格褶皱带东段鲜见出露。泥盆系三统发育齐全，且火山岩和火山碎屑岩十分发育。泥盆系是新疆北部的重要含矿层位之一，产出铜、铅、锌、铁、金等矿床。

石炭系(C)分布广泛，大面积出露于北部博格达－哈尔里克造山带、吐哈盆地南缘托克逊南－雅满苏一带，南部库米什南－绿庄咸泉北、柳园一带也有小面积出露。石炭系与下伏泥盆系呈不整合接触。该系沉积类型齐全，岩性复杂，化石丰富，特别是准噶尔和北天山地区沉积剖面连续，上、下关系清楚。

二叠系(P)分布比较广泛，虽然出露面积不是很大，但是出露于盆地周围的各造山带。出露面积较大的地区有乌鲁木齐东侧博格达山、七角井一带，雅满苏地区，北山地区，以及三塘湖－淖毛湖一带。二叠系陆相沉积的比重加大，且含石油、油页岩、煤、磷等矿产，与下伏地层呈不整合或断层接触关系。

4. 中生界(Mz)

三叠系(T)出露面积较小，主要分布于博格达－哈尔里克造山带西段、吐哈盆地中南部，东南角亦有零星分布。该系与下覆二叠系或石炭系呈假整合或整合接触。

侏罗系(J)分布情况与三叠系类同，但总体出露面积比三叠系要大。东北部纸房、淖毛湖一带，乌鲁木齐、鄯善、七角井、雅满苏一带，以及托克逊、绿庄咸泉一带有较大面积出露，北山地区有小面积出露。在吐鲁番盆地和准噶尔盆地东部均有火山岩出露，主要岩性有石英斑岩、玄武岩、含凝灰角砾的玄武玢岩，以及凝灰岩，等等。

白垩系(K)总体出露面积较小，主要分布于鄯善地区、淖毛湖西部地区，乌鲁木齐附近亦有零星分布。该系全为陆相沉积，总体呈条带状分布，与下伏侏罗系呈不整合或假整合接触。

5. 新生界(Cz)

古近系(E)分布较为广泛，主要出露于吐哈盆地中部地区，吐哈盆地南缘阿拉塔格、雅满苏、野马泉一带，三塘湖盆地中部及南部地区。

新近系(N)分布广，层序齐全，尤以盆地及山前地区最佳，多为陆相碎屑岩建造，沉积中心可见少量泥岩夹层，山前地带在中新世后为磨拉石建造。以三塘湖盆地为例，中新统为湖相灰绿色泥岩、砂质泥岩夹砂岩；上新统为山麓河流相苍棕色－土黄色砂质泥岩、泥质砂岩、砾岩、砾状砂岩不均匀互层。吐哈盆地古近系－新近系与三塘湖盆地相似，以河湖相红色碎屑岩为主，缺少独立的湖相沉积。

第四系(Q)广泛发育于大小盆地、河流两岸。岩性主要为盐碱砂质黏土、风成砂土、砂砾、黄土、细砂、砂质黏土。与下伏地层不整合接触，超覆于下伏各地层之上。

四、岩浆岩

吐哈盆地及邻区岩浆活动在太古宙、元古宙、加里东期、海西期、燕山期、喜马拉雅期均有发生，其中，海西期岩浆活动最为强烈(胡霭琴等，1997)。

太古宙岩浆活动发生在塔里木地块北缘库鲁克塔格地区，在辛格尔附近出露有片麻状花岗岩和原岩为玄武质岩类的角闪岩。始－古太古代岩浆活动发生在3300~3000Ma前，新太古代岩浆活动发生在2500Ma前。元古宙岩浆活动在库鲁克塔格和天山都有发生，侵入岩为花岗岩、花岗闪长岩，在且干布拉克以及兴地断裂附近有基性岩浆活动。胡霭琴等利用锆石SHRIMP U－Pb方法测定星星峡花岗闪长质片麻岩的加权平均年龄为(1405.2±7.8)Ma，代表其寄主岩石的形成于中元古代。库鲁克塔格新元古代火山活动强烈，有海相基性－酸性喷发活动，岩性主要有玄武岩、安山岩、英安岩及流纹岩等(胡霭琴等，2006)。Lei等测得沙垄铁矿含矿岩系变质酸性火山岩锆石U－Pb年龄为(760.4±6.7)Ma，红柳井碱性花岗岩的锆石 U - Pb 年龄为 740Ma，表明其形成于新元古代。近年来发布的关于东天山较为可靠的锆石 U - Pb 年龄数据表明，东天山新元古代花岗岩类岩石主要形成于 960 ~910Ma 前(胡霭琴等，2010)。太古宙和元古宙侵入岩的出露面积不大，元古宙的某些花岗岩体还具有含淡蓝色石英的特点。前震旦纪侵入岩和火山岩都发生了较强的变质作用，普遍具有片麻状构造。

加里东期岩浆活动的强度仅次于海西期，在塔里木地块北缘、天山造山带、准噶尔盆地都有发生。据报道，红柳河蛇绿岩中发现侵入未变形变质的黑云母花岗岩，张元元等测得其年龄为(404.8 ±5.2)Ma。东准噶尔和天山的加里东中酸性侵入岩侵入的最新地层也是志留系，都被下泥盆统上部岩层覆盖(张元元等，2008)。加里东期火山活动发生在奥陶纪和志留纪。东准噶尔奥陶纪火山岩为中酸性熔岩及其火山碎屑岩；天山地区奥陶纪、志留纪的火山岩为基性熔岩、火山碎屑岩和中酸性火山岩；而塔里木北缘库鲁克塔格加里东期火山岩为安山岩、安山凝灰岩。胡霭琴等测得东天山天湖东二长花岗岩中的锆石 SHRIMP U - Pb 年龄为(466.5 ±9.8)Ma(胡霭琴等，2007)；石玉若等测得干沟一带眼球状花岗岩的侵位年龄为 428Ma 左右(石玉若等，2006)；郭华春等测得哈尔里克山口门子一带闪长岩锆石 SHRIMP U - Pb 年龄为(430 ±6)Ma(郭华春等，2006)。

海西期岩浆活动表现得比较强烈，具有种类多、规模大、分布广等特点。王德贵等测得东天山大盐池西闪长岩锆石 SHRIMP U - Pb 年龄为(303 ±15)Ma，测得东天山大盐池东花岗闪长岩锆石 SHRIMP U - Pb 年龄为(323 ±5.9)Ma；吴华等获得白石泉铜镍矿区基性 - 超基性岩中锆石 SHRIMP 微区原位 U - Pb 年龄为(285 ±10)Ma(石英闪长岩)、(284 ±9)Ma(辉长闪长岩)、(284 ±8)Ma(辉长岩)。

印支 - 燕山期岩浆岩出露较少，仅限于阿尔泰北部地区。在阿尔泰地区曾得到大量的印支 - 燕山期同位素年龄数据，其中，以 K - Ar 法数据为主，但无地质证据。例如，阿拉尔花岗岩体 40Ar/39Ar 频谱年龄为 131Ma，Rb - Sr 全岩 - 矿物内部等时线年龄为 175Ma；可可托海 60 号岩体 Rb - Sr 全岩 - 矿物内部等时线年龄为 173Ma；阿勒泰市附近的一些小岩株同位素年龄在 176 ~220Ma 之间(胡霭琴等，1997)。进入中生代，火山活动大大减弱，火山岩的分布较局限，在天山北坡、吐鲁番盆地、东准噶尔将军戈壁、克拉美丽煤窑沟等地中生代地层中夹有厚度不等的基性酸性火山岩。

喜马拉雅期岩浆岩出露较少，仅见于阿尔泰的局部地区，如哈拉乔拉橄榄玄武岩 40Ar/39Ar 全熔年龄为 17.5Ma（胡霭琴等，1997）。研究人员通过大量同位素年代学研究工作结果表明，新疆北部存在中－新生代岩浆活动。

若按岩浆岩的化学成分进行分类，吐哈盆地及邻区出露地表的岩浆岩可分为超基性岩、基性岩、中性岩以及酸性岩，地表分布特征如图 2－3 所示。纵观地表岩浆岩分布图，岩浆岩地表分布特征非常明显，广泛出露于海拔相对较高的造山带，而海拔相对较低的各盆地鲜有岩浆岩出露。

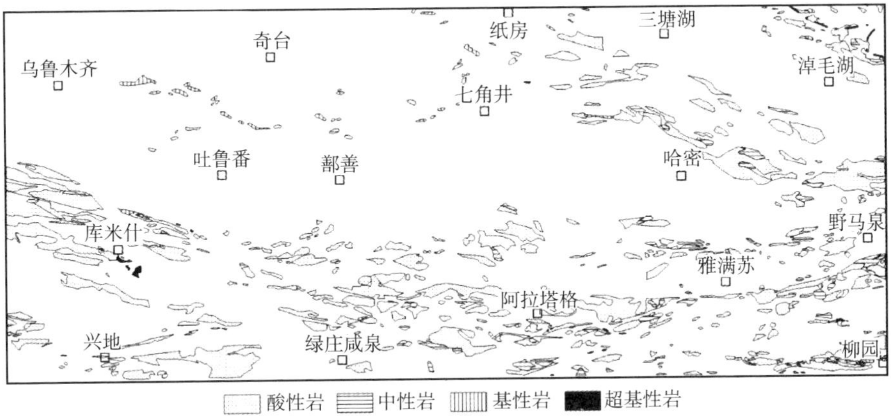

图 2－3　吐哈盆地及邻区地表岩浆岩分布图

吐哈盆地及邻区超基性岩出露地表的总面积不大，一般呈条带状分布，主要分布于觉罗塔格褶皱带托克逊西南地区、阿拉塔格东南地区、柳园地区。七角井东北侧、野马泉南侧亦有很小面积出露地表。托克逊西南侧等地区超基性岩呈北西西走向，与该区断裂走向一致，其发育明显受断裂控制。柳园一带超基性岩宏观呈近东西走向，虽然该地区出露地表的超基性岩单个面积较小，看似没有统走向，并且断裂规模也相对小，看似细碎而杂乱，但是断裂与超基性岩的宏观走向一致，亦表明该区超基性岩发育受断裂控制。

该区基性岩广泛发育，但是出露地表的总面积亦不大。基性岩主要分布于博格达－哈尔里克造山带西段乌鲁木齐－七角井一带，以及北山柳园地区，在托克逊西南地区、兴地、绿庄咸泉、阿拉塔格、淖毛湖北部等地区亦有零星分布。其中，乌鲁木齐－七角井、北山一带等地区基性岩较为发育，其与分布于地表的断裂关系密切，表明基性岩发育受断裂控制。

该区中性岩广泛发育，与基性岩相似，出露地表的总面积不大，但是地表分布情况与基性岩有明显差异。中性岩主要分布于南部绿庄咸泉、雅满苏、柳园一带，以及东部纸坊、野马泉一带。与基性岩分布差异最为明显的地区为博格达－

哈尔里克造山带西段。同上述两种岩类相似，中性岩的分布亦与地表断裂关系密切，其发育明显受断裂的控制。

该区酸性岩发育最为广泛，除了博格达－哈尔里克造山带西段地表出露很少之外，地势相对较高的造山带均大面积出露地表。除了东南部北山地区，其他地区酸性岩分布于地表断裂关系密切，其发育明显受断裂的控制。北山地区酸性岩的分布与该区规模较大的断裂关系较为密切，而与规模较小的断裂关系不甚明显，可能成岩之后遭受不同方向的力的破坏。

第二节　岩(矿)石密度与磁性特征

物性资料主要来自原地质矿产部第二综合物探大队204队、206队、202队于1979年、1980年、1988年，以及新疆地矿局物化探大队10分队于1987年采集了11690块物性标本统计资料，获取了吐哈盆地不同时代地层物性的统计结果以及原石油物探局第五地质调查处对吐哈盆地不同时代地层物性的统计结果(表2－1～表2－3，涂亚辉等，1991；袁炳强等，2012)。

表2－1　新疆东北部地层岩石密度统计表

		Q	R	J_{1-2}	P_2	P_1	C_3	C_{2-3}	C_{1y}	C_{1g}
K－45－(18)	h					1400	280	1686	10366	
	n					3	17	114	203	
	σ					2.75	2.68	2.69	2.71	
K－45－(24)	h								798	3158
	n								24	9
	σ								2.70	2.68
K－46－(18)	h					455	2000	7000	1645	
	n					20	24	443	119	
	σ	1.77				2.67	2.68	2.66	2.68	
K－46－(19)	h							2475	5879	2334
	n							2	78	16
	σ							2.66	2.71	2.71
K－46－(20)	h							2475	2176	
	n							35	225	
	σ							2.73	2.70	

续表

		Q	R	J_{1-2}	P_2	P_1	C_3	C_{2-3}	C_{1y}	C_{1g}
K-46-(21)	h		10		11011			1450	4109	
	n		12		21			100	162	
	σ		2.11		2.64			2.72	2.69	
K-46-(22)	h		35		5231	3991		1262	2049	
	n		33		31	33		32	93	
	σ		2.00		2.70	2.73		2.70	2.68	
K-46-(23)	h						1500		1952	
	n		16				39		125	
	σ	1.80	2.15				2.66		2.68	
平均密度		1.79	2.17	2.38	2.66	2.71	2.67	2.67	2.70	2.70

		D_3	D_2	D_1	S	ϵ_3	ϵ_1	Z_1	Z_2	P_{tx-k}	P_{tn-y}
K-45-(18)	h		4268	2002							
	n		33	112							
	σ		2.73	2.71							
K-45-(24)	h	2500	7068	2994	3534						2650
	n	7	92	177	3						4
	σ	2.67	2.70	2.71	2.74						2.70
K-46-(18)	h	2930								2000	
	n	127								35	
	σ	2.67								2.68	
K-46-(19)	h	2445	2781	6539						7663	4870
	n	10	47	36						73	85
	σ	2.68	2.69	2.70						2.74	2.74
K-46-(20)	h		1500			541				17017	
	n		21			1				274	
	σ		2.71			2.71				2.69	
K-46-(21)	h									10607	
	n									385	
	σ									2.70	

续表

		D_3	D_2	D_1	S	ϵ_3	ϵ_1	Z_1	Z_2	P_{tx-k}	P_{tn-y}
K－46－(22)	*h*				1004		900	4502	4636		
	n				30		32	70	123		
	σ				2.67		2.72	2.68	2.72		
K－46－(23)	*h*				1750		428		2385	1466	
	n				159		31		154	90	
	σ				2.68		2.67		2.69	2.70	
平均密度		2.67	2.71	2.71	2.68	2.71	2.70	2.68	2.71	2.70	2.74

注：*h*—标本地层厚度，m；*n*—标本块数；*σ*—地层平均密度，$10^3 kg/m^3$；J_{1-2}的密度为钻孔中的资料。

表2－2　吐哈盆地不同时代地层物性分布

界	地层名称	密度/(g/cm³)	磁化率/[$4\pi \cdot 10^{-6}$SI(K)]
新生界	第四系	1.8～2.2	61
	第三系	2.37	
中生界	白垩系	2.45	66
	侏罗系	2.49	50
	三叠系	2.54	78
古生界	上二叠统	2.61	80
	下二叠统	2.70	194
	石炭系	2.71	248
	泥盆系	2.74	635
	志留系－泥盆系	2.73	147
元古界	前寒武系	2.70	219

表2－3　吐鲁番坳陷地层综合密度表

地层	厚度/m	岩性	密度/($10^3 kg/m^3$)
新生界	0～500	灰色、灰黄色、红褐色砂砾及黏土、砂岩、砂砾岩	2.30
白垩系	270	灰色、灰黄色、紫红色砂岩及砾岩、泥岩、泥质砂岩	2.42
侏罗系	＞3000	灰黄色砂岩、砾岩粉砂岩、灰黑色泥岩、页岩、煤层	2.54
三叠系	＞1700	灰色、灰褐色、黑色砾岩及砂岩、泥岩、页岩	2.56
上二叠统	＞1500	杂色砾岩、砂岩、黑色泥岩、页岩	2.70
下二叠统		海陆交互相沉积夹中基性火山岩	2.75
石炭系	＞7000	中酸性、基性火山岩及火山碎屑岩、板岩、大理岩	
泥盆系	1300	灰色、灰绿色粉砂岩及中基性、中酸性火山岩	

一、岩(矿)石密度

按侵入岩、火山碎屑岩、沉积岩、变质岩等所划分的30种岩性进行分类统计(涂亚辉等，1991)，结果表明：

(1)中基性、超基性侵入岩及中基性火山岩的密度比酸性岩浆岩、正常沉积岩中的泥岩、灰岩的密度高，当其分布于上述岩性中且具有一定规模时，可引起局部重力高异常。

(2)花岗岩体比中基性岩浆岩、正常沉积岩中的灰岩的密度低，当其分布于上述岩性中且具有一定规模时，可引起局部重力低异常。

(3)正常沉积的砂岩、泥岩较其他正常沉积岩、各类岩浆岩的密度低，当其分布于上述岩性中且具有一定规模时，可引起局部重力低异常。

二、地层密度

全区地层密度统计结果如表2－1～表2－3所示(涂亚辉等，1991)，从表中可以看出：

(1)新生界、中生界各系之间密度值变化较大，而古生界及前古生界各系之间密度变化较小。

(2)按地层之间密度差在$0.10\times10^3kg/m^3$以上进行密度分层的原则，该区从新到老可分为4个密度层、3个密度界面。第四系松散沉积为第一密度层，密度值约为$1.80\times10^3kg/m^3$；古近系和新近系为第二密度层，密度值为$2.30\times10^3kg/m^3$，比第一密度层的密度高约$0.40\times10^3kg/m^3$；中生界为第三密度层，密度值约为$2.50\times10^3kg/m^3$，比第二密度层的密度高约$0.20\times10^3kg/m^3$；整个古生界及前古生界为第四密度层，密度值约为$2.70\times10^3kg/m^3$，比第三密度层的密度高约$0.20\times10^3kg/m^3$。

上述第一密度层的密度较小，一般厚度不大，只有在个别沉积盆地里，当厚度较大时，可引起局部重力低异常。第二密度层较第一密度层密度大，较第三密度层密度小，但厚度不大，分布范围局限，只在局部地区及沉积盆地里与第一密度层共同引起重力低异常。第三密度层沉积厚度较小，对重力异常影响不大，当盆地内沉积较厚时，可与第一、第二密度层共同引起重力低异常。第四密度层比第三密度层高$0.20\times10^3kg/m^3$，在出露的地区及中新生代沉积地层覆盖区，该密度层的局部隆起，可产生局部重力高异常。该密度层在该区分布广泛，沉积厚度大，是区内形成局部重力高异常的主要因素之一。

三、磁性参数

本书所涉及磁性资料主要为原地质矿产部第二综合物探大队 1976 ~ 1979 年对 348 个磁力异常查证中测得的磁性参数，1987 年、1988 年第二综合物探大队和新疆地矿局物化探大队区域重力扫面工作中实测的磁性参数，1976 年、1977 年原地质矿产部航空测量总队的 1∶5 万磁力测量报告中的磁性参数(涂亚辉等，1991)。

由于该区中部及南部部分地区岩浆岩多期活动，超基性、基性、中性、酸性岩均有，所以，新疆东北部岩(矿)石磁性变化范围较大。吐哈盆地不同时代地层磁化率表明，中、新生界磁化率相对较低，而古生界及前寒武系磁化率则相对较高(表 2－2)。

一般而言，各类岩(矿)石所引起的磁场是由多方面的因素决定的，单从磁场强度判断地质体的性质是有局限性且比较困难的。通常情况下，由磁铁矿、矽卡岩、含铁石英岩、含铁碧玉岩所引起的正磁异常强度大、梯度大、形态规则、分布范围较小，特别是磁铁矿引起的异常，北侧常伴生负值；超基性岩引起的正磁异常较复杂，有些是范围小、形态规则、梯度及强度较大的尖锐异常，有些则是范围小、形态规则、梯度和强度较小的弱磁异常；中基性侵入岩及基性喷出岩，一般能引起较强的正磁异常。特别是各类喷出岩所引起的正磁异常，表现为跳跃状、不规则、曲线正负变化较大，属于喷出岩磁场特征，这类异常是吐哈盆地及邻区内用此法找矿的主要干扰因素。花岗岩的磁异常表现为异常宽、梯度缓、峰值低的正磁异常或表现为磁背景场，但中、粗粒黑云母花岗岩可引起数百 nT 的正磁异常；变质岩和沉积岩一般表现为范围较大的背景场。

第三章　区域重磁数据处理方法

第一节　纯球坐标系内重力校正

为了解决传统的重力校正方法中的不足，安玉林等通过多年的研究，推导了纯球坐标系内各项重力校正公式(安玉林等，2010)。

重力中间层校正和地形校正，在球坐标系内进行的目的就是要消除观测面到大地水准面之间介质的质量在测点处产生重力值的影响。按照重力测量规范规定，上述两项校正的计算范围是 0～166.7km。

对地壳中的球壳型扇形地块进行定义。此类地块具有球壳的曲率，东西侧面与 z 轴之间夹角之差为 $\theta_2-\theta_1$，上、下表面之间的厚度为 R_2-R_1。该扇形地块南北侧面的纬度分别为 $\varphi_2=90°-\theta_2$ 和 $\varphi_1=90°-\theta_1$。则该球壳型扇形地块在 z 轴上产生的 $\Delta g(z_i)$ 表达式为：

$$\begin{aligned}\Delta g(z_i)&=\frac{\lambda_2-\lambda_1}{360}\cdot\frac{2\pi G\rho z_i}{3}\cdot\left\{\left[\left(\frac{r}{z_i}\right)^2+\left(\frac{r}{z_i}\right)\cos\theta+3\cos^2\theta-2\right]\sqrt{\left(\frac{r}{z_i}\right)^2-2\left(\frac{r}{z_i}\right)\cos\theta+1}\right.\\&\quad\left.-3\cos\theta\sin^2\theta\cdot\ln\left[\frac{r}{z_i}-\cos\theta+\sqrt{\left(\frac{r}{z_i}\right)^2-2\left(\frac{r}{z_i}\right)\cos\theta+1}\right]\right\}\Bigg|_{r=R_1,\theta=\theta_1}^{r=R_2,\theta=\theta_2}\\&=\Delta g(z_i,\ r=R_2,\ \theta_2,\ \theta_1)-\Delta g(z_i,\ r=R_1,\ \theta_2,\ \theta_1)\end{aligned}\tag{3-1}$$

上式为由地心出发、向上过北极的计算公式。计算出相对于该“北极点”P 的每一个地形点 Q 的经度和纬度，则可使每一个重力测点 P 均成为“北极点”。为此要借助于球面三角公式：

$$\begin{cases}\alpha=\arccos[\sin\varphi\cdot\sin\varphi_0+\cos\varphi\cdot\cos\varphi_0\cdot\cos(\lambda-\lambda_0)]\\\beta=\arctan\left[\dfrac{\cos\varphi\cdot\sin(\lambda-\lambda_0)}{\sin\varphi\cdot\cos\varphi_0-\cos\varphi\cdot\sin\varphi_0\cdot\cos(\lambda-\lambda_0)}\right]\end{cases}\tag{3-2}$$

式中，$\lambda-\lambda_0$为重力测点 P 和地形点 Q 的经度差；(λ, φ)和(λ_0, φ_0)分别为地形点 Q 和重力测点 P 的地理经纬度。

上述两式即可实现球坐标系内重力地形校正值的计算。按洛必达极限法则，在极限情况下即可推导出球坐标系内中间层校正计算公式。

第二节　重磁异常稳定运算及分解

重磁异常转换处理和反演通常采用波数域方法。假设重力场观测面为 $h=0$ 的水平面，$\Delta g(x, y)$表示剩余异常，其频谱为 $\Delta g(u, v)$。在波数域，为了在异常向下延拓、求导和界面埋深反演时压制局部异常干扰，实现稳定运算，需对重磁异常频谱乘以一个稳定因子，如下面的"正则化稳定因子"（管志宁和安玉林，1991）：

$$W(u, v)=\frac{1}{\left\{1+2.75e^{\beta(f-f_0)\lambda_x}\right\}}, f=\sqrt{u^2+v^2} \quad (3-3)$$

式中，λ_x 为测区线距乘以线数；$\beta\geqslant 2$；$f_0=1/\lambda_0$，λ_0是由测区内不稳定的高波数异常成分合成的众多局部干扰异常中，沿垂直异常走向度量得到的、包含正负异常段在内的最大长度，它相当于组成局部干扰异常的最小波数成分的波长，没有深度意义。

"正则化稳定因子"的波数特性曲线具有理想低通滤波器特征，可以有效压制干扰和保护有用信号。

"正则化稳定因子"也称为"正则化滤波器"，同样可以用于重磁异常波数域低通、高通或带通等异常分解运算。例如，要得到波数位于$[f_{01}, f_{02}]$区间内的带通异常波谱，可取如下表达式：

$$\Delta g_{f_{01}f_{02}}(u, v)=\Delta g(u, v)\cdot[1-W(\beta, f_{01})]\cdot W(\beta, f_{02}) \quad (3-4)$$

经反傅立叶变换即可得到对应于该波段的空间域异常：

$$\Delta g_{\lambda_{01}\lambda_{02}}(x, y)=F^{-1}[\Delta g_{f_{01}f_{02}}(u, v)] \quad (3-5)$$

需要明确的是，对应于波谱中高波数成分的空间域异常是小尺度的局部异常，其异常源的深度一般较浅，但也常有比区域异常源埋藏深的情况；而对应于低波数成分的空间域异常是大尺度的区域异常，其异常源在不同部位的埋藏深度不同，低值部分深度大，高值部分深度小，甚至出露地表。因此，不能误认为局部异常一定是浅部异常，区域异常一定是深部异常，要视具体情况而定。

一般说来，重磁异常最多分为3个部分：高通小尺度局部异常、带通中尺度异常和低通大尺度区域背景异常。局部异常提取既容易又可靠，但大尺度区域背景异常的提取需要谨慎对待。去掉局部异常和背景异常的剩余异常，就是带通中尺度异常。采用“正则化滤波器”分解异常，就是采用尺度参数 λ_0，在原观测面进行的，故称为“尺度滤波”。它能可靠地提取十分明显的局部异常和区域异常。

第三节　层面埋深及横向物性参数分布反演

在重磁勘探中，区域重磁异常可能是由地下具有剩余密度或剩余磁化强度的起伏地层产生的。因此，其定量解释需要采用适合于这种起伏地层产生的重磁异常的反演方法。另外，在盆地内压实并变质的地层和沉积地层间往往存在密度或磁性差异较大的分界面，如磁性结晶基底顶界面。很多人认为这种磁性分界面的数理模型向下是无限深的。但是，如果水平方向和垂直方向采用相同比例尺，容易发现这样的事实：假设测点间距2km，测区长、宽各几百千米，磁性顶面平均深度为5km，居里面平均深度为25km，则其数理模型只能是相对水平尺度来说厚度不大的起伏层状模型；如果该模型不连续，则孤立部分也近似为立方体或厚度较小的长方体。因此，起伏地层的反演方法是十分必要的。还有，区域重磁异常高低变化不仅仅是由密度层或磁性层起伏引起的，还可能是由于该地层密度或磁化强度横向变化而引起的，反演方法必需适合这种重要情况。管志宁和安玉林提出了磁化强度横向变化的起伏地层层面埋深和磁化强度分布的反演方法(管志宁和安玉林，1991)。类似地，可以给出密度横向变化的起伏地层层面埋深和密度分布的反演方法。

起伏密度层反演方法原理如下所述(三维磁性层断面图如图3－1所示)。

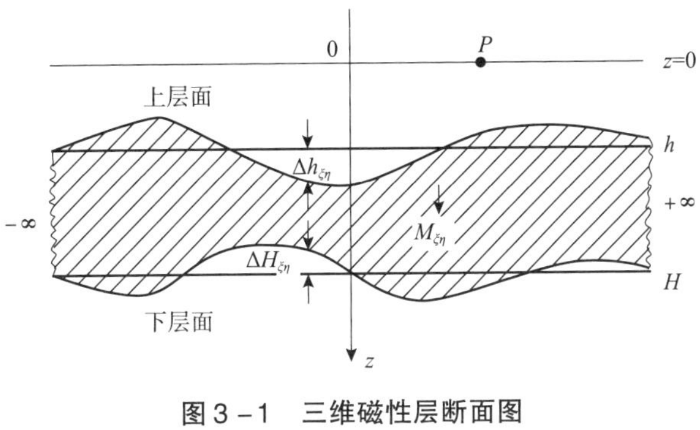

图3－1　三维磁性层断面图

1. 横向变密度岩层频谱表达式

横向变密度地层等于埋深分别为 $h(\varepsilon, \eta)=h+\Delta h(\varepsilon, \eta)$ 和二单界面之差，其中，h、H、$\Delta h(\varepsilon, \eta)$ 和 $\Delta H(\varepsilon, \eta)$ 分别为上、下层面平均埋深和对应的起伏函数。经过严格推导，得其重力异常 $\Delta g(x, y)$ 的频谱 $\Delta g(u, v)$ 表达式为：

$$
\begin{aligned}
g(u, v) &= g_H(u, v) - g_h(u, v) \\
&= \frac{2\pi G}{2\pi f}[\rho(\xi,\eta)]_{uv}\cdot[\mathrm{e}^{-2\pi fh} - \mathrm{e}^{-2\pi fH}] + \frac{2\pi G}{2\pi f}\cdot\sum_{n=1}^{\infty}\frac{(-2\pi f)^n}{n!}\cdot \\
&\left\{[\rho(\xi, \eta)\Delta h^n(\xi, \eta)]_{uv}\cdot\mathrm{e}^{-2\pi fh} - [\rho(\xi, \eta)\Delta H^n(\xi, \eta)]_{uv}\cdot\mathrm{e}^{-2\pi fH}\right\}
\end{aligned}
\tag{3-6}
$$

式中，$\rho(\varepsilon, \eta)$ 为地层横向变密度函数（其平均值为 ρ），$[\cdots]_{uv}$、$\{\cdots\}_{uv}$ 为括号内空间域函数的波谱。

上式可写为如下形式：

$$
\begin{aligned}
2\pi f\frac{g(u,v)}{G} &= \tilde{g}(u,v) = 2\pi\sum_{n=0}^{\infty}\frac{(-2\pi f)^n}{n!}\cdot \\
&\left\{[\rho(\xi, \eta)\Delta h^n(\xi, \eta)]_{uv}\cdot\mathrm{e}^{-2\pi fh} - [\rho(\xi, \eta)\Delta H^n(\xi, \eta)]_{uv}\cdot\mathrm{e}^{-2\pi fH}\right\}
\end{aligned}
\tag{3-7}
$$

式中，$\tilde{g}(u, v)$ 相当于 $g(u, v)$ 的垂向导数除以万有引力常数 G。该式等价形式为：

$$
\begin{aligned}
\tilde{g}(u,v) &= 2\pi[\Delta\rho(\xi,\eta)]_{uv}(\mathrm{e}^{-2\pi fh} - \mathrm{e}^{-2\pi fH}) + 2\pi\sum_{n=1}^{\infty}\frac{(-2\pi f)^n}{n!}\cdot \\
&\left\{[\rho(\xi,\eta)\Delta h^n(\xi,\eta)]_{uv}\cdot\mathrm{e}^{-2\pi fh} - [\rho(\xi,\eta)\Delta H^n(\xi,\eta)]_{uv}\cdot\mathrm{e}^{-2\pi fH}\right\}
\end{aligned}
\tag{3-8}
$$

式中，$\Delta\rho(\varepsilon, \eta)$ 为地层内密度变化值，$\rho(\varepsilon, \eta)=\rho+\Delta\rho(\varepsilon, \eta)$。

2. 横向变密度岩层层面埋深反演公式

已知异常频谱 $\tilde{g}(u, v)$，只能反演密度层某一层面埋深的起伏值 $\Delta h(\varepsilon, \eta)$ 或 $\Delta H(\varepsilon, \eta)$。式(3-8)中的其余参量，如 h、H、$\rho(\varepsilon, \eta)$、$\Delta H(\varepsilon, \eta)$ 或 $\Delta h(\varepsilon, \eta)$ 等，均为定解条件，需要提前给定。式(3-8)中，与定解条件有关部分的谱值可以正演算出，定义为 $\tilde{g}_0(u, v)$。于是，可求得只与待反演的起伏值有关的谱值 $\Delta\tilde{g}(u, v)$，即 $\Delta\tilde{g}(u, v)=\tilde{g}(u, v)-\tilde{g}_0(u, v)$；然后，再由 $\Delta\tilde{g}(u, v)$ 去反演 $\Delta h(\varepsilon, \eta)$ 或 $\Delta H(\varepsilon, \eta)$。例如：反演下层面的 $\Delta H(\varepsilon, \eta)$ 和 $H(\varepsilon, \eta)$ 表达式如下：

$$\Delta H(\xi,\ \eta)=\frac{1}{\rho(\xi,\ \eta)}\cdot M_H^{\xi\eta},\ H(\xi,\ \eta)=H+\Delta H(\xi,\ \eta) \tag{3-9}$$

$$M_H^{uv}=-\frac{\Delta g(u,v)}{4\pi^2 f}\cdot e^{2\pi fH}-\sum_{n=1}^{\infty}\frac{(-2\pi f)^n}{(n+1)!}\left[\Delta H^n(\xi,\eta)\cdot M_H^{\xi\eta}\right]_{uv} \tag{3-10}$$

由式(3－10)求解 M_H^{uv} 需采取迭代算法和“正则化稳定因子”$W(u,\ v)$。

3. 横向变密度岩层密度分布反演公式

由式(3－10)可知，已知异常频谱$\tilde{g}(u,\ v)$进行层间密度分布反演时，只能求得$\Delta\rho(\xi,\ \eta)$，其余各个参量(包括平均密度ρ)均是定解条件，需要事先给定。当给定定解条件后，可求得与定解条件有关的频谱$\tilde{g}_0(u,\ v)$，进而求得$\Delta\tilde{g}(u,\ v)=\tilde{g}(u,\ v)-\tilde{g}_0(u,\ v)$。由$\tilde{g}(u,\ v)$求解$\Delta\rho(u,\ v)$和$\rho(\xi,\ \eta)$的表达式为：

$$\Delta\rho(u,v)=\frac{\Delta\tilde{g}(u,v)}{2\pi(e^{-2\pi fh}-e^{-2\pi fH})}\cdot\sum_{n=1}^{\infty}\frac{(-2\pi f)^n}{n!}\cdot$$
$$\left\{\left[\rho(\xi,\ \eta)\Delta h^n(\xi,\ \eta)\right]_{uv}e^{-2\pi fh}-\left[\rho(\xi,\ \eta)\Delta H^n(\xi,\ \eta)\right]_{uv}e^{-2\pi fH}\right\} \tag{3-11}$$

$$\rho(\xi,\ \eta)=\rho+\Delta\rho(\xi,\ \eta) \tag{3-12}$$

由式(3－12)求解 $\Delta\rho(u,\ v)$ 也需采取迭代方法和“正则化稳定因子”$W(u,\ v)$。

实际上，上面关于$\tilde{g}(u,\ v)$的正、反演公式，就是垂直磁化起伏磁性地层垂直分量波谱 $Z_\perp(u,\ v)$ 的正、反演公式(王谦身等，2003)，只需作如下代换即可：

$$\left.\begin{aligned}&\tilde{g}(u,\ v)\Rightarrow Z_\perp(u,\ v)\\&\rho(\xi,\ \eta)=\rho+\Delta\rho(\xi,\ \eta)\end{aligned}\right\}\Rightarrow M(\xi,\ \eta)=M_0+\Delta M(\xi,\ \eta) \tag{3-13}$$

式中，M_0为平均磁化强度。

第四节　均衡重力异常计算

利用安玉林等提出的“考虑地球曲率影响的纯球坐标系内各项重力校正值的计算方法”(安玉林等，2010)，基于 Fortran 语言编制了“考虑地球曲率影响的纯球坐标系内均衡重力校正程序”。

基于 Airy 均衡模型，可以利用新编制的均衡校正程序计算并获得吐哈盆地及邻区均衡重力异常，计算结果为：平均海拔 1km，莫霍面平均深度 50km（许萍等，2005；熊小松等，2010），均衡补偿密度 $-0.5\times10^3\mathrm{kg/cm^3}$。

第五节 剖面反演

根据重力异常特征以及物性资料，参考地质、深部地震、大地电磁测深及航磁资料建立地质—地球物理模型。用 RGIS 软件中的 2.5D 人机联作重磁联合反演程序对布格和航磁重力异常进行拟合（张明华等，2015）。方法简介如下：

对如图 3－2 所示直角坐标系下的一个多边形 2.5D 棱柱体，设其密度为 σ，则在空间任一点 $P(r)$ 引起的重力异常 $\Delta g(r)\Delta g(r)$ 为：

$$\Delta g(r) = G\sigma\sum_{i=1}^{N}\cos\varphi_i[I(Y_2,i) + I(Y_1,i)] \tag{3-14}$$

其中，

$$I(Y,\ i) = Y\ln\frac{u_{i+1}+R_{i+1}}{u_i+R_i} + u_{i+1}\ln\left(\frac{R_{i+1}+Y}{r_{i+1}}\right) - u_i\ln\left(\frac{R_{i+1}+Y}{r_i}\right) - w_i\left(\operatorname{arctg}\frac{u_{i+1}R_{i+1}+r_{i+1}^2}{Y w_i} - \operatorname{arctg}\frac{u_iR_i+r_i^2}{Y w_i}\right) \tag{3-15}$$

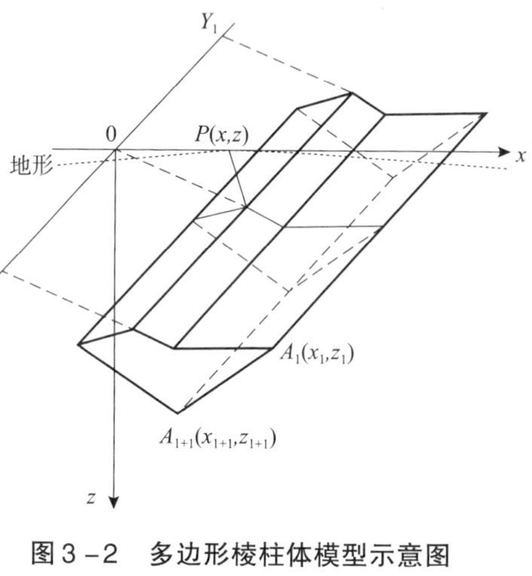

图 3－2 多边形棱柱体模型示意图

地下结构构造由若干 2.5D 棱柱体的组合排列来模拟，通过重力异常反演作出解释推断。

第四章　区域重磁异常解释

第一节　重磁场特征

一、重力场特征

吐哈盆地及邻区布格重力异常(图4－1)显示出明显的三大特征：①异常走向宏观呈北西西向及近东西向展布；②重力低与重力高之间密集梯级带发育；③由南向北，异常值呈东西成排、高低分带相间分布。大体以乌鲁木齐－七角井－野马泉北一线为界，布格重力异常走向分为南北两大部分，南部布格重力异常走向宏观为近东西向，而北部则为北西西向。该区发育多条重力梯级带，规模较大的梯级带主要有兴地－绿庄咸泉北侧近东西向重力梯级带、库米什北西西向重力梯级带、阿拉塔格北－雅满苏北－野马泉近东西向重力梯级带、吐鲁番－哈密重力低值带南北两侧近东西向重力梯级带、乌鲁木齐－七角井北侧近东西向重力梯级带、三塘湖－淖毛湖重力低值带南北两侧北西西向重力梯级带。虽然该区发育了众多范围较大的重力低值区以及重力高值区，但是这些重力低值区内也发育众多的重力高值，重力高值区内发育众多的重力低值，这些重力高值或者重力低值周围必然存在重力梯级带，只是规模较小而已。

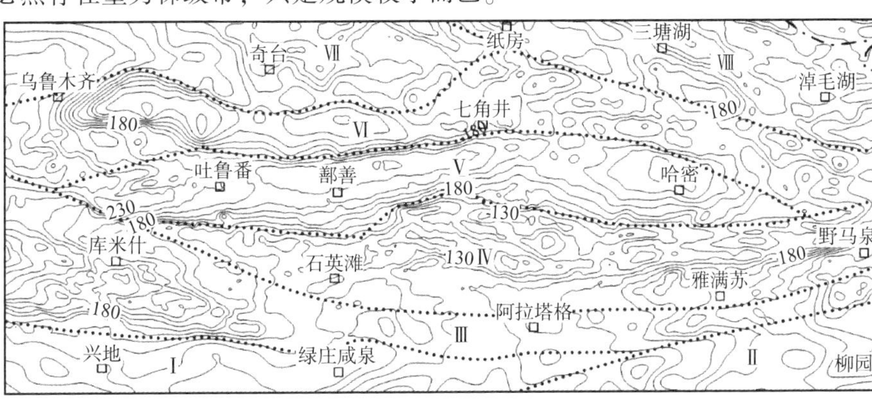

图4－1　吐哈盆地及邻区布格重力异常及其分区图

一般而言，区域地质体的宏观展布方向表现为布格重力异常的宏观走向，基底起伏特征也表现为布格重力异常值的相对高、低变化。重力异常值显示为相对低值，反映出上覆盖层较厚、较高密度的基底埋深相对较深；重力异常值显示为相对高值，反映出上覆盖层较薄、较高密度的基底埋深相对较浅。布格重力异常等值线密集的重力梯级带亦反映了断裂构造。该区北部乌鲁木齐—七角井—野马泉北一线以南发育地层的走向为近东西向，而在该线之北则为北西西向。重力异常的上述特征表明，吐哈盆地及邻区基底由南向北呈隆、凹相间分布；规模较大的断裂控制着基底的隆、凹相间格局，以及地层的发育特征。

基于布格重力异常特征，可将该区分为兴地－绿庄咸泉重力高值区（Ⅰ）、柳园重力低值区（Ⅱ）、库米什－阿拉塔格重力复杂变化区（Ⅲ）、野马泉－石英滩重力高值区（Ⅳ）、吐鲁番－哈密重力低值区（Ⅴ）、乌鲁木齐－七角井重力高值区（Ⅵ）、奇台重力复杂变化区（Ⅶ）及三塘湖－淖毛湖重力复杂变化区（Ⅷ）等8个区带（图4－1）。

1. 兴地－绿庄咸泉重力高值区（Ⅰ）

该高值区位于南部兴地－绿庄咸泉一带，虽然该区异常等值线向西、向南开口未闭合，但是异常走向总体呈近东西向，表明该区地质体宏观呈近东西向展布。该区发育有多个重力异常高点，最大值处于兴地与绿庄咸泉之间，约为 $-112.6\times10^{-5}m/s^2$。该区北缘兴地北－绿庄咸泉北一线发育有规模较大的近东西向密集重力梯级带，表明该区可能发育有规模较大的断裂构造。该区地表主要出露前寒武系，总体密度较其北侧及东侧大面积发育的新生界高，可能是引起该带布格重力异常高值的主要地质因素。

2. 柳园重力低值区（Ⅱ）

该低值区位于东南角柳园一带，异常走向不太明显，异常总体上呈“西高东低”特征。从局部重力异常上看，该区异常呈北东东向及近东西向展布。如果把该区看成一个宏观的布格重力异常低值，则其向南及向东呈开口状有延伸的趋势，最低值位于柳园北侧，约为 $-240.8\times10^{-5}m/s^2$。该区地表主要出露酸性岩、新生界及前寒武系，并且地势相对较高，表明可能该布格重力异常低值主要是由密度相对较低的酸性岩及相对较深的新生界、莫霍面共同引起的。

3. 库米什－阿拉塔格重力复杂变化区（Ⅲ）

该复杂变化区位于南部库米什－阿拉塔格一带，等值线向东、向西开口未闭合，异常总体上呈“中间高两边低”的特征。从局部重力异常上看，该区异常总体呈近东西向展布。该区发育有多个重力异常高点，最大值位于石英滩南侧，约为 $-129.3\times10^{-5}m/s^2$。同样地，该区发育有多个重力异常低点，最低值位于库米什西侧，约为 $-266.3\times10^{-5}m/s^2$。该区西部库米什一带，北缘以及南缘发育有两条近东西向密集重力梯级带，表明该区北缘及南缘发育有规模较大的断裂构造。该区西部地表主要出露新生界、下古生界、前寒武系及酸性岩，表明该布格重力异常低值可能主要是由密度相对较低的新生界所引起的。该区中部及东部地表主要出露前寒武系及酸性岩，表明中部布格重力异常高值可能主要是由莫霍面向上抬升等深部因素引起的，东部布格重力异常低值可能主要是由莫霍面向下坳陷等深部因素引起的。

4. 野马泉－石英滩重力高值区(Ⅳ)

该高值区位于野马泉－石英滩一带，等值线向东开口未闭合，异常宏观呈近东西向展布，反映了该区区域地质体的宏观展布方向。该区发育有多个重力异常高点，最大值位于石英滩东北侧，约为 $-115.3\times10^{-5}m/s^2$；同样地，该区发育有多个重力异常低点，最低值位于野马泉南侧，约为 $-249.2\times10^{-5}m/s^2$。该区周缘及内部发育有多条近东西向密集重力梯级带，表明该区周缘及内部发育有多条近东西向展布、规模较大的断裂构造。该区地表主要出露新生界及上古生界，表明布格重力异常高值可能主要是由密度较高的基底向上隆起等因素引起的。

5. 吐鲁番－哈密重力低值区(Ⅴ)

该低值区位于中部吐鲁番－哈密一带，基本与吐哈盆地相对应，异常宏观呈近东西向，反映了该区区域地质体的宏观展布方向。该区发育有多个重力异常低点，最低值位于吐鲁番西侧，约为 $-245.1\times10^{-5}m/s^2$。该区重力异常总体有可分为东、中、西 3 个部分，东部基本对应哈密坳陷，中部基本对应了墩隆起，西部基本对应吐鲁番坳陷。该区北缘以及南缘发育两条规模较大的近东西向密集重力梯级带，表明该区北缘及南缘发育规模较大的断裂构造。该区地表主要出露新生界，表明该布格重力异常低值可能主要是由密度相对较低的新生界引起的。

6. 乌鲁木齐－七角井重力复杂变化区(Ⅵ)

该复杂变化区位于北部乌鲁木齐－七角井一带，等值线向东、向西开口未闭合，异常总体上呈“中间高两边低”的特征。从局部重力异常上看，该区异常总体呈近东西向及北西西向展布。该区发育有多个重力异常高点，最大值位于乌鲁木齐东侧，约为 $-128.1 \times 10^{-5} m/s^2$；同样地，该区发育有多个重力异常低点，最低值位于乌鲁木齐西南侧，约为 $-273.2 \times 10^{-5} m/s^2$。该区北缘及南缘发育有多条有规模较大的近东西向及北西西向密集重力梯级带，表明该区北缘及南缘发育有多条近东西向及北西西向、规模较大的断裂构造。该复杂变化区中西部乌鲁木齐－七角井一带，异常明显为条带状重力异常高带，宏观呈近东西向展布，基本与博格达山相对应，地表主要出露上古生界，其密度相对南、北两侧新生界较高，可能是引起该区布格重力异常高值的主要地质因素。该复杂变化区东部七角井以东，异常值比乌鲁木齐－七角井一带明显低很多，宏观呈北西西向展布，地表主要出露新生界、上古生界、下古生界及酸性岩，这些地层和岩石的密度变化较大造成了布格重力异常值复杂变化。

7. 奇台重力复杂变化区(Ⅶ)

该复杂变化区位于北部奇台一带，异常等值线向北、向西开口未闭合，宏观呈北西西向，反映了该区区域地质体的宏观展布方向。该区总体上呈“东高西低”特征，发育有多个重力异常高点，最大值位于奇台东侧，约为 $-128.5 \times 10^{-5} m/s^2$；同样地，该区发育有多个重力异常低点，最低值位于乌鲁木齐西侧，约为 $-264.1 \times 10^{-5} m/s^2$。该区南缘发育有规模较大的近东西向密集重力梯级带，表明该区可能发育有规模较大的断裂构造。该区地表主要出露密度相对较低的新生界，仍然对应布格重力异常高值，表明该区深部存在密度相对较高的介质。

8. 三塘湖－淖毛湖重力复杂变化区(Ⅷ)

该复杂变化区位于东北部三塘湖－淖毛湖一带，等值线向东、向北开口未闭合，异常总体上呈带状高低相间分布特征。从局部重力异常上看，该区异常总体呈近东西向及北西西向展布。该区发育有多个重力异常高点，最大值位于淖毛湖南侧，约为 $-160.8 \times 10^{-5} m/s^2$；同样地，该区发育有多个重力异常低点，最低值位于三塘湖东侧，约为 $-230.5 \times 10^{-5} m/s^2$。该区周缘及内部发育有多条北西西向及近东西向密集重力梯级带，表明该区周缘及内部发育有多条北西西向及近东西向展布、规模较大的断裂构造。该复杂变化区地表主要出露新生界、上古生界、中生界以及酸性岩，这些地层和岩石的密度变化较大造成了布格重力异常值复杂变化。

二、磁力场特征

同布格重力异常特征相似，吐哈盆地及邻区的磁力化极异常有如下特征：①宏观呈近东西向及北西西向展布；②磁力高与磁力低之间密集梯级带发育；③呈明显的东西成排、高低分带相间分布。大体以奇台 – 七角井 – 野马泉北一线为界，南部异常呈近东西向展布，北部呈北西西向展布。另外，该区磁力化极异常发育有多条串珠状磁力异常，可能对应多条深大断裂带。虽然三塘湖、淖毛湖一带的磁力异常受数据限制而不完整，但是从现有的资料可以发现，三塘湖盆地和吐哈盆地相似，磁力异常呈高值带。

根据该区磁力化极异常特征将其分为兴地 – 绿庄咸泉磁力复杂变化区（Ⅰ）、柳园磁力低值区（Ⅱ）、库米什 – 阿拉塔格磁力复杂变化区（Ⅲ）、野马泉 – 石英滩磁力复杂变化区（Ⅳ）、吐鲁番 – 哈密磁力高值区（Ⅴ）、乌鲁木齐 – 七角井磁力复杂变化区（Ⅵ）、奇台磁力高值区（Ⅶ）及三塘湖 – 淖毛湖磁力复杂变化区（Ⅷ）等 8 个区带（图 4 – 2）。

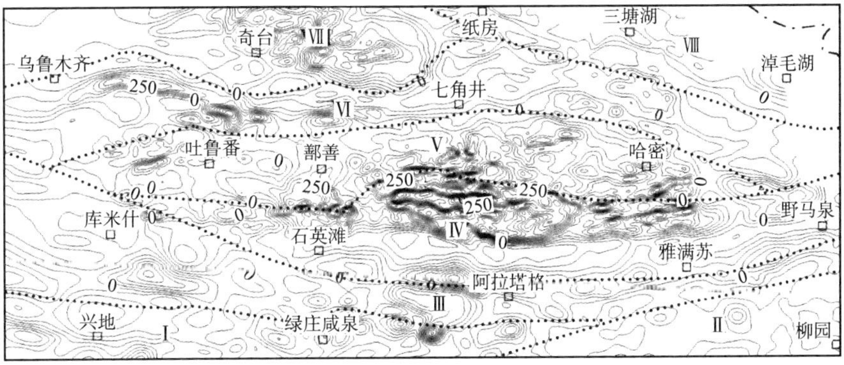

图 4 – 2 吐哈盆地及邻区磁力化极异常及其分区图

1. 兴地 – 绿庄咸泉磁力复杂变化区（Ⅰ）

该复杂变化区位于南部兴地 – 绿庄咸泉一带，虽然该区异常等值线向西、向南开口未闭合，但是异常走向总体呈近东西向，表明该区磁性体宏观呈近东西向展布。该区发育有多个磁力高异常，梯度变化较陡，发育有多条近东西向及北东东西展布的磁力梯级带。该区地表主要出露前寒武系、新生界及酸性岩，推测结晶基底向上抬升可能是引起磁力异常高值的主要地质因素。

2. 柳园磁力低值区(Ⅱ)

该低值区位于东南角柳园一带，异常走向不太明显。该区异常相对平静，基本与北山相对应，发育有多个磁力高异常，梯度变化平缓，多呈团块状。该区地表主要出露酸性岩、新生界及前寒武系，推测该磁力低值区可能主要是由这些出露的岩石或者地层较厚且总体磁性较弱引起的。

3. 库米什–阿拉塔格磁力复杂变化区(Ⅲ)

该复杂变化区位于南部库米什–阿拉塔格一带，等值线向东、向西开口未闭合，异常总体上呈复杂变化特征。该区发育有多个磁力高异常，异常梯度变化总体上表现为“西陡东缓”特征。该区西部地表主要出露新生界、下古生界、前寒武系及酸性岩，推测结晶基底向上抬升可能是引起磁力异常高值的主要地质因素。该区中部及东部地表主要出露前寒武系及酸性岩，推测磁力高值异常可能主要是由浅部的强磁性物质引起的。

4. 野马泉–石英滩磁力复杂变化区(Ⅳ)

该复杂变化区位于野马泉–石英滩一带，等值线向东开口未闭合，异常宏观呈近东西向展布，反映了该区地质体的宏观展布方向。该区南、北两侧发育有磁力高值带，梯度变化表现为北部陡、南部较陡的特征；中部发育有磁力低值带，其两侧发育有近东西向密集磁力梯级带。该区地表主要出露新生界、上古生界及酸性岩，推测结晶基底向上抬升可能是引起磁力异常高值的主要地质因素。

5. 吐鲁番–哈密磁力高值区(Ⅴ)

该高值区位于中部吐鲁番–哈密一带，总体与吐哈盆地相对应，异常走向宏观呈近东西向，反映了该区磁性体的宏观展布方向。该区总体上表现为磁力高值区，局部发育大量磁力高异常，北缘及南缘发育有多条近东西向及北西西向展布的密集磁力梯级带，总体上与布格重力异常梯级带重合或者具有显著关系。地表地质图显示，该区主要出露新生界，推测该区磁力高异常可能主要是由前寒武纪结晶基底引起的。

6. 乌鲁木齐–七角井磁力复杂变化区(Ⅵ)

该复杂变化区位于北部乌鲁木齐–七角井一带，等值线向东、向西开口未闭合，异常总体上呈“两高三低”特征。异常走向宏观呈近东西向及北西西向展布，反映了该区磁性体的宏观展布方向。该复杂变化区西部磁力高值异常总体上呈条带状，宏观呈近东西向展布，基本与博格达山相对应，地表主要出露上古生界及中生界，推测磁力高异常可能是由磁性基底向上隆起及较强磁性岩体共同作用引起的；东部磁力高值异常宏观上呈团块状，地表主要出露新生界、下古生界及酸性岩，推测磁力高值异常可能主要是由浅部的强磁性物质引起的。

7. 奇台磁力高值区(Ⅶ)

该高值区位于北部奇台一带，异常等值线向北、向西开口未闭合，宏观呈北西西向，反映了该区磁性体的宏观展布方向。该区发育多个磁力高，多成团块状。该高值区东部磁力异常梯度变化较大，西部磁力异常梯度变化平缓。该磁力高异常主体处于准噶尔盆地东部，地表主要出露新生界、中生界及上古生界，推测该磁力异常高值区可能主要是由深部强磁性物质所引起的。

8. 三塘湖－淖毛湖磁力复杂变化区(Ⅷ)

该复杂变化区位于东北部三塘湖－淖毛湖一带，等值线向东、向北开口未闭合，异常宏观北西西向展布，总体上呈带状高低相间分布。该区发育多个磁力高，多成条带状。该区周缘及内部发育有多条北西西向密集磁力梯级带，总体上与布格重力异常梯级带重合或者具有显著关系。该复杂变化区地表主要出露新生界、上古生界、中生界及酸性岩，且酸性岩与磁力高对应关系并不好，推测该磁力异常高值带可能主要是由深部强磁性物质所引起的。

第二节　局部重磁异常定性解释

一、异常识别

重力、磁力异常解释通常把实测重力、磁力异常看作由区域异常和局部异常组成。区域异常指由分布范围较广的、相对深的地质因素引起的重力、磁力异常。这种异常特征是异常幅值较大，异常范围也较宽，但异常梯度较小，具有“低频”的特征。局部异常是指比区域地质因素范围较小的研究对象(如构造、矿体或岩体)引起的范围和幅度较小的异常，异常梯度相对较大，具有较高“频率”的特征。

实测重力、磁力异常是由地下所有密度、磁性不均匀体引起的叠加异常，为了根据实测异常求某个场源体，首先，必须从叠加异常中分离出单纯由这个地质体引起的异常。从重力异常、磁力异常中去掉区域异常后的剩余部分，称为剩余异常，习惯上看作局部异常。相对于区域重力、磁力异常而言，局部重力、磁力异常是由局部地质体引起的异常，不同规模、埋深的局部地质体产生的异常范围，幅值、梯度不同，因此，通过对局部重力、磁力异常的研究，可以达到研究测区局部构造分布特征的目的。

区域异常和局部异常是相对的，没有绝对的划分标准，应视研究的对象而定。本小节所涉及划分局部重力、磁力异常的原则主要是根据重力异常、磁力化极异常的精度及所提取出来的局部异常和地质特征(如地层分布特征、岩石分布特征等)的对应关系。经过对比分析发现，滑动平均 34km 尺度的自由空间重力局部异常客观地反映了吐哈盆地及邻区的局部构造，而滑动平均 34km 尺度的磁力化极局部异常亦客观地反映了该区的局部磁性构造。

在吐哈盆地及邻区共识别圈定出局部重力异常 237 个，其中，重力高 122 个，重力低 115 个，各异常位置及其特征如图 4－3 和图 4－4 所示。而该区亦识别出局部磁力异常 144 个，各异常位置及其特征如图 4－5 所示。

图 4－3　吐哈盆地及邻区局部重力高异常及其编号图

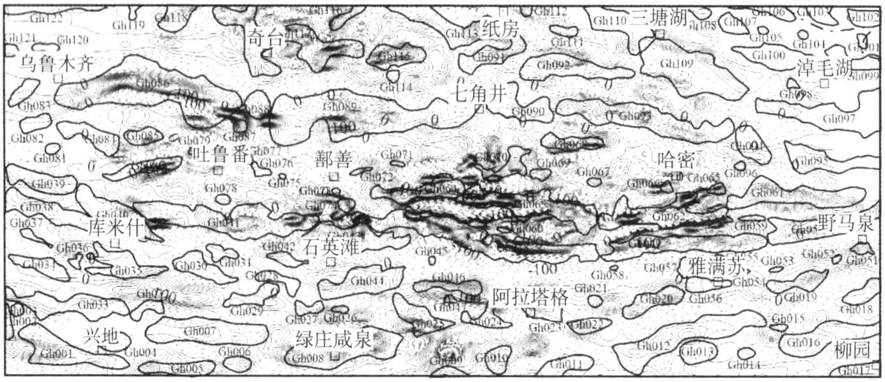

图 4－4　吐哈盆地及邻区局部重力高及局部磁力异常图

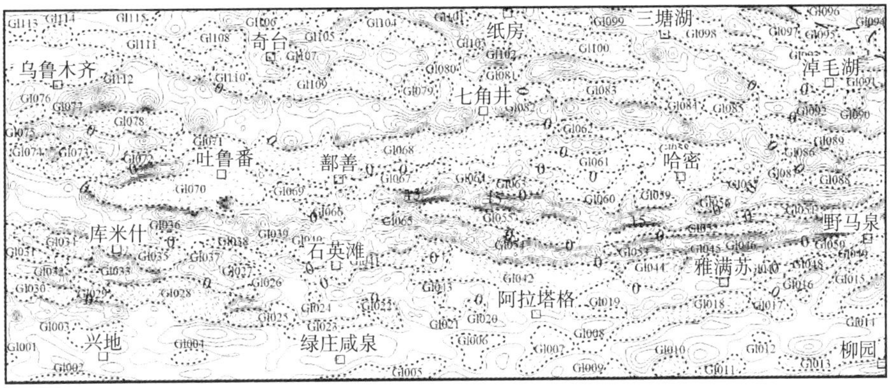

图4－5　吐哈盆地及邻区局部重力低异常及其编号图

二、局部重力异常定性解释

结合已有地球物理、地质研究成果，对吐哈盆地及邻区局部重力异常的成因进行了定性分析(表4－1、表4－2)，该区局部构造发育，局部构造宏观走向与区域构造走向一致，为北西西向(近东西向)，局部构造明显受断层控制。

表4－1　局部重力高异常定性解释一览表

编号	局部重力高异常特征					局部磁力异常特征	地表地质概况	推测原因
	走向	形状	面积/km^2	幅值/($10^{-5}/s^2$)	梯度			
Gh001	北西西向	不规则	2032.8	6.6	较缓	总体显示为磁力高异常，幅值较高，梯度较陡	主要出露古元古界兴地塔格群、新近系、新元古界青白口系、震旦系、寒武纪花岗斑岩、青白口纪花岗岩、青白口辉长岩、中元古界长城系	位于塔里木北缘构造带，推测为基底隆起引起
Gh002	北北东向	条带状	184.9	4.85	较缓	总体显示为磁力低异常，幅值较低，梯度较缓	主要出露长城纪斜长花岗岩、长城纪闪长岩、震旦系、中元古界长城系、新元古界青白口系、石炭纪钾长花岗岩	位于塔里木北缘构造带，推测为基底隆起引起

续表

编号	局部重力高异常特征					局部磁力异常特征	地表地质概况	推测原因
	走向	形状	面积/km^2	幅值/($10^{-5}/s^2$)	梯度			
Gh003	不明显	近等轴状	123.3	14.7	较陡	总体显示为磁力低异常，幅值较低，梯度较缓	主要出露石炭纪花岗闪长岩、震旦系、中元古界长城系、第四系	位于塔里木北缘构造带，推测为基底隆起引起
Gh004	近东西向	近椭圆状	584.9	6.6	较缓	磁力低异常，幅值低，梯度缓	主要出露蓟县纪花岗岩、新元古界青白口系、寒武系、第四系、古元古界兴地塔格群	位于塔里木北缘构造带，推测为断隆构造引起
Gh005	东西向	条带状	783.2	4.1	平缓	表现为多个磁力高异常，幅值较高，梯度西陡东缓	主要出露古元古界兴地塔格群、第四系、青白口纪花岗岩、青白口纪钾长花岗岩、石炭纪闪长岩	位于塔里木北缘构造带，推测西端为酸性岩引起，东部为基底隆起引起
Gh006	近东西向	近椭圆状	307.9	2.2	平缓	总体显示为磁力高异常，幅值较低，梯度较缓	主要出露石炭纪花岗岩、寒武－奥陶系、中元古界长城系、泥盆系、蓟县纪花岗岩	位于塔里木北缘构造带，推测为基底隆起引起
Gh007	东西向	条带状	2267.5	10.4	较陡	总体显示为磁力高异常，幅值低，梯度缓	主要出露古元古界兴地塔格群、奥图拉托格拉克群、石炭系、太古界达格拉格布拉克群、中元古界长城系、蓟县纪花岗岩、蓟县纪花岗岩、新元古界青白口系、石炭纪闪长岩、花岗岩	位于塔里木北缘构造带，推测为基底隆起引起

续表

编号	局部重力高异常特征					局部磁力异常特征	地表地质概况	推测原因
	走向	形状	面积/km²	幅值/（$10^{-5}/s^2$）	梯度			
Gh008	北东东向	条带状	2376.5	6.1	较缓	表现为多个磁力高异常，幅值较高，梯度较陡	主要出露中元古界长城系、蓟县系、志留系、太古代片麻岩、石炭纪花岗岩、志留纪花岗岩、石炭纪闪长岩	位于塔里木北缘构造带，推测主要为基底隆起引起，东部及中部部分为酸性岩引起
Gh009	不明显	三角形	212.6	5.2	较缓	“北高南低”梯度带，梯度较缓	主要出露古近系、新近系、志留系、泥盆系、奥陶系	位于塔里木北缘构造带，推测为小幅度褶皱引起
Gh010	不明显	不规则	480.1	3.4	平缓	总体显示为磁力高异常，幅值较高，梯度较陡	主要出露古近系、新近系、中元古界长城系、泥盆纪花岗岩	位于塔里木北缘构造带，推测为基底隆起引起
Gh011	北东东向	条带状	718.1	3.5	平缓	磁力低异常，幅值低，梯度缓	主要出露第四系、新元古界青白口系、泥盆纪钾长花岗岩、奥陶系、新元古界青白口系、泥盆纪花岗岩	位于北山构造区，推测为基底隆起引起
Gh012	北东东向	长条状	2652.0	11.2	较陡	总体显示为磁力高异常，幅值低，梯度缓	主要出露古元古界兴地塔格群、第四系、新近系、古近系、新元古界青白口系、中元古界长城系、蓟县系、二叠系、石炭纪花岗岩、二叠纪花岗岩、二叠纪辉绿玢岩、寒武系、志留系	主要位于北山构造区，推测为基底隆起引起

续表

编号	局部重力高异常特征					局部磁力异常特征	地表地质概况	推测原因
	走向	形状	面积/km^2	幅值/($10^{-5}/s^2$)	梯度			
Gh013	近东西向	不规则	632.1	7.2	较缓	磁力低异常，幅值低，梯度缓	主要出露新元古界青白口系、第四系、新近系、寒武系、奥陶系、泥盆纪钾长花岗岩	位于北山构造区，推测为基底隆起引起
Gh014	不明显	不规则	141.1	2.2	平缓	磁力低异常，幅值低，梯度缓	主要出露新近系、石炭纪花岗岩、寒武系、奥陶系、第四系、新元古界青白口系	位于北山构造区，推测为基底隆起引起
Gh015	东西向	不规则	85.5	2.0	平缓	"西高东低"梯度带，梯度较缓	主要出露志留系、新元古界青白口系、寒武系、第四系	位于北山构造区，推测主要为基底隆起引起，西部为酸性岩引起
Gh016	北东东向	条带状	1632.9	9.4	较陡	总体显示为磁力低异常，幅值低，梯度缓	主要出露第四系、新近系、志留系、奥陶系、寒武系、新元古界青白口系、蓟县系、志留纪斜长花岗岩、志留纪辉长岩、泥盆纪橄榄岩、泥盆纪闪长岩	位于北山构造区，推测为基底隆起引起
Gh017	东西向	条带状	495.3	7.1	较陡	总体显示为磁力高异常，幅值低，梯度缓	主要出露二叠系、太古代敦煌杂岩、泥盆纪石英闪长岩、三叠纪花岗斑岩、石炭纪辉绿玢岩	位于北山构造区，推测为断隆构造引起
Gh018	北东东向	花生状	492.3	12.7	较陡	总体显示为磁力高异常，幅值低，梯度缓	主要出露长城系、青白口系、第四系、蓟县系、新近系、二叠系、志留纪花岗岩、石炭纪闪长岩、石炭纪花岗岩	位于红柳河断裂带，推测为基底隆起引起

续表

编号	局部重力高异常特征					局部磁力异常特征	地表地质概况	推测原因
	走向	形状	面积/km^2	幅值/($10^{-5}/s^2$)	梯度			
Gh019	北东东向	不规则	663.9	8.3	较缓	总体显示为磁力高异常，幅值较高，梯度较陡	主要出露石炭系、石炭纪钾长花岗岩、蓟县系、石炭纪辉长岩、二叠系、第四系	主要位于东天山构造带，推测北部为酸性岩引起，南部为基底隆起引起
Gh020	北东东向	条带状	859.0	8.4	较陡	总体显示为磁力高异常，幅值较高，梯度较陡	主要出露石炭纪花岗岩、石炭纪闪长岩、长城系、二叠系、石炭系、二叠纪闪长岩	主要位于东天山构造带，推测主要为断隆构造引起，西端为酸性岩引起
Gh021	不明显	近等轴状	105.2	4.2	平缓	“东高西低”梯度带，梯度较陡	主要出露石炭纪花岗岩、石炭系	位于东天山构造带，推测西部为基底隆起引起，东端为酸性岩引起
Gh022	近东西向	不规则	420.8	5.7	较缓	西部为磁力高异常，东部为磁力低异常，幅值较高，梯度较陡	主要出露蓟县系、泥盆纪闪长岩、石炭纪花岗岩、石炭纪闪长岩、钾长花岗岩、第四系、泥盆纪蛇绿岩	位于东天山构造带，推测为基底隆起引起
Gh023	不明显	不规则	740.7	6.9	较缓	总体显示为磁力高异常，幅值较高，梯度较陡	主要出露石炭系、石炭纪花岗岩、蓟县系	位于东天山构造带，推测主要为断隆构造引起，北部边缘为酸性岩引起
Gh024	不明显	不规则	544.0	3.7	平缓	总体显示为磁力低异常，幅值较高，梯度较陡	主要出露蓟县系、长城系、青白口系、石炭纪花岗岩、二叠纪辉长岩	位于东天山构造带，推测主要为断隆构造引起，北端为酸性岩引起

续表

编号	局部重力高异常特征					局部磁力异常特征	地表地质概况	推测原因
	走向	形状	面积/km^2	幅值/$(10^{-5}/s^2)$	梯度			
Gh025	北西向	不规则状	997.5	6.5	较缓	南部为磁力高异常，北部为磁力低异常，幅值较高，梯度较陡	主要出露志留系、泥盆系、蓟县系、石炭纪花岗岩、闪长岩、石炭系	位于东天山构造带，推测北部为基底隆起引起，南部为酸性岩引起
Gh026	东西向	不规则	75.8	2.4	平缓	“南高北低”梯度带，梯度较缓	主要出露长城系、泥盆系、石炭系	位于东天山构造带，推测为基底隆起引起
Gh027	近东西向	不规则	267.9	3.8	平缓	“南高北低”梯度带，梯度较缓	主要出露泥盆系、石炭纪钾长花岗岩、石炭系、长城系	位于东天山构造带，推测为基底隆起引起
Gh028	北西西向	不规则	417.9	4.4	平缓	总体显示为磁力低异常，幅值低，梯度缓	主要出露志留系、长城系、泥盆纪闪长岩、钾长花岗岩、泥盆系、震旦纪钾长花岗岩	位于东天山构造带，推测为基底隆起引起
Gh029	北东东向	不规则条带状	584.2	11.2	较陡	中部为磁力高异常，两端为磁力低异常，幅值低，梯度缓	主要出露第四系、泥盆系、志留系、石炭系、泥盆纪钾长花岗岩	位于东天山构造带，推测为基底隆起引起
Gh030	北西西向	不规则	871.7	9.7	较陡	磁力低异常，幅值较低，梯度陡	主要出露第四系、志留系、泥盆系、泥盆纪钾长花岗岩	位于东天山构造带，推测为基底隆起引起
Gh031	不明显	不规则	282.3	4.5	平缓	总体显示为磁力高异常，幅值低，梯度缓	主要出露长城系、志留系、泥盆系、石炭纪钾长花岗岩	位于东天山构造带，推测为基底隆起引起

续表

编号	局部重力高异常特征					局部磁力异常特征	地表地质概况	推测原因
	走向	形状	面积/km^2	幅值/($10^{-5}/s^2$)	梯度			
Gh032	不明显	不规则	327.2	3.6	平缓	磁力低异常，幅值较低，梯度较缓	主要出露第四系、泥盆系、石炭系、震旦系、古元古界奥图拉托格拉克群	位于东天山构造带，推测为基底隆起引起
Gh033	近东西向	不规则	1733.1	12.4	较陡	西部为磁力高异常，东部为磁力低异常，幅值较高，梯度较缓	主要出露第四系、震旦系、古元古界奥图拉托格拉克群、泥盆系、石炭系、寒武系	主要位于东天山构造带，推测为基底隆起引起
Gh034	北西西向	条带状	670.0	11.2	较陡	磁力低异常，幅值较低，梯度缓	主要出露第四系、石炭系、石炭纪钾长花岗岩	位于东天山构造带，推测为基底隆起引起
Gh035	不明显	不规则	1188.9	15.2	较陡	总体显示为磁力低异常，幅值较低，梯度较缓	主要出露泥盆系、第四系、石炭系、泥盆纪蛇绿岩、石炭纪花岗岩、奥陶系、泥盆纪花岗岩	位于东天山构造带，推测为基底隆起引起
Gh036	不明显	不规则	97.8	4.6	较缓	总体显示为磁力低异常，幅值较低，梯度较缓	主要出露第四系、石炭系、泥盆系、石炭纪花岗岩	位于东天山构造带，推测为基底隆起引起
Gh037	北西向	条带状	154.3	5.7	较缓	磁力低异常，幅值较低，梯度缓	主要出露泥盆系、第四系、石炭纪花岗岩	位于东天山构造带，推测为基底隆起引起
Gh038	北西西向	条带状	1366.5	12.7	较陡	总体显示为磁力低异常，幅值较低，梯度较缓	主要出露第四系、二叠纪花岗岩、石炭系、石炭纪花岗岩、泥盆纪钾长花岗岩、志留系、长城系、泥盆系	位于东天山构造带，推测为基底隆起引起

续表

编号	局部重力高异常特征					局部磁力异常特征	地表地质概况	推测原因
	走向	形状	面积/km^2	幅值/($10^{-5}/s^2$)	梯度			
Gh039	北西西向	条带状	985.2	8.0	较陡	总体显示为磁力低异常，幅值较低，梯度较缓	主要出露二叠纪花岗岩、泥盆纪斜长花岗岩、志留系、石炭纪花岗岩、长城系	主要位于东天山构造带，推测为断隆构造引起
Gh040	北西西向	不规则	1726.4	17.6	陡	总体显示为磁力低异常，幅值较低，梯度较缓	主要出露长城系、石炭系、志留系、二叠纪花岗岩、志留纪花岗岩、石炭纪辉长岩、泥盆纪蛇绿岩	主要位于东天山构造带，推测为基底隆起引起
Gh041	近东西向	条带状	3285.4	21.9	陡	表现为多个磁力高异常，幅值较高，梯度较陡	主要出露石炭系、泥盆系、第四系、侏罗系、长城系、志留纪花岗岩、石炭纪花岗岩	主要位于觉罗塔格褶皱带，推测主要为基底隆起引起，东部部分为中性岩引起，中部部分为酸性岩引起
Gh042	北西西向	不规则	316.5	7.5	较缓	“北高南低”梯度带，梯度较缓	主要出露石炭系、石炭纪花岗岩	位于觉罗塔格褶皱带，推测主要为基底隆起引起，北部边缘为酸性岩引起
Gh043	近东西向	不规则	1948.5	9.9	较陡	北部为磁力高异常，南部为磁力低异常，幅值较高，梯度较陡	主要出露石炭系、二叠系、二叠纪斜长花岗岩、石炭纪花岗岩、二叠纪花岗岩、石炭纪花岗斑岩	位于觉罗塔格褶皱带，推测主要为基底隆起引起，中部部分为中性岩引起
Gh044	北东东向	不规则	1463.5	7.9	较陡	总体显示为磁力高异常，幅值较高，梯度较陡	主要出露石炭纪花岗闪长岩、石炭纪花岗岩、石炭系、长城系、三叠纪花岗岩	主要位于觉罗塔格褶皱带，推测为基底隆起引起

续表

编号	局部重力高异常特征					局部磁力异常特征	地表地质概况	推测原因
	走向	形状	面积/km^2	幅值/($10^{-5}/s^2$)	梯度			
Gh045	不明显	近等轴状	37.1	2.6	平缓	磁力低异常，幅值低，梯度缓	主要出露石炭系	位于觉罗塔格褶皱带，推测为基底隆起引起
Gh046	东西向	条带状	612.3	5.3	较缓	磁力高异常，幅值高，梯度陡	主要出露石炭纪花岗闪长岩、石炭系	位于觉罗塔格褶皱带，推测为酸性岩引起
Gh047	不明显	不规则	54.8	2.1	平缓	“北高南低”梯度带，梯度较陡	主要出露石炭系、石炭纪花岗岩、长城系	位于雅满苏断裂带，推测为基底隆起引起
Gh048	北西西向	长条状	3822.5	15.7	较陡	总体显示为磁力高异常，幅值极高，梯度极陡	主要出露泥盆系、新近系、古近系、第四系、泥盆纪花岗岩、志留系、奥陶系、二叠纪闪长岩、石炭系	位于觉罗塔格褶皱带，推测主要为基底隆起引起，中部多为中酸性岩引起
Gh049	东西向	长条状	2123.8	21.6	陡	总体显示为磁力高异常，幅值高，梯度陡	主要出露第四系、新近系、古近系、石炭系、石炭纪花岗岩、二叠纪钾长花岗岩、石炭纪闪长岩、石炭纪花岗闪长岩、侏罗系、石炭纪辉长岩	位于觉罗塔格褶皱带，推测南部为基底隆起引起，北部为中酸性岩引起
Gh050	北东东向	长条状	1617.5	28.6	陡	总体显示为磁力高异常，幅值较高，梯度较陡	主要出露第四系、石炭系、新近系、古近系、石炭纪花岗岩、闪长岩、钾长花岗岩	位于觉罗塔格褶皱带，推测南部为基底隆起引起，北部为中酸性岩引起

续表

编号	局部重力高异常特征					局部磁力异常特征	地表地质概况	推测原因
	走向	形状	面积/km^2	幅值/($10^{-5}/s^2$)	梯度			
Gh051	不明显	不规则	183.1	3.7	平缓	“南高北低”梯度带，梯度较陡	主要出露第四系、古近系、新近系、石炭系	位于觉罗塔格褶皱带，推测北部为基底隆起引起，南部为酸性岩引起
Gh052	北东向	不规则	48.4	4.5	较缓	磁力高异常，幅值较高，梯度较缓	主要出露第四系、古近系、新近系、石炭系、石炭纪花岗岩	位于觉罗塔格褶皱带，推测为酸性岩引起
Gh053	北西西向	条带状	61.4	2.7	平缓	“东高西低”梯度带，梯度较缓	主要出露古近系、石炭系、第四系	位于觉罗塔格褶皱带，推测为基底隆起引起
Gh054	近东西向	不规则	88.3	3.0	平缓	“南高北低”梯度带，梯度缓	主要出露石炭系	位于觉罗塔格褶皱带，推测为基底隆起引起
Gh055	北西向	不规则	83.6	5.3	较缓	磁力低异常，幅值较高，梯度较缓	主要出露石炭系、石炭纪花岗岩	位于觉罗塔格褶皱带，推测为基底隆起引起
Gh056	近东西向	条带状	456.2	4.2	较缓	总体显示为磁力高异常，幅值较低，梯度较缓	主要出露石炭系、古近系、新近系、二叠系	位于觉罗塔格褶皱带，推测为基底隆起引起
Gh057	北北东向	不规则	189.9	11.9	较陡	磁力低异常，幅值较低，梯度较缓	主要出露石炭系、第四系、古近系、新近系、石炭纪闪长岩	位于觉罗塔格褶皱带，推测为基底隆起引起

续表

编号	局部重力高异常特征					局部磁力异常特征	地表地质概况	推测原因
	走向	形状	面积/km^2	幅值/($10^{-5}/s^2$)	梯度			
Gh058	东西向	不规则	21.9	3.7	平缓	磁力低异常，幅值低，梯度缓	主要出露第四系	位于觉罗塔格褶皱带，推测为基底隆起引起
Gh059	东西向	条带状	104.5	5.2	较缓	“南高北低”梯度带，梯度较缓	主要出露第四系、新近系	位于觉罗塔格褶皱带，推测为基底隆起引起
Gh060	北西西向	不规则	49.3	3.9	较缓	磁力高异常，幅值较高，梯度较缓	主要出露石炭纪钾长花岗岩、侏罗系	位于觉罗塔格褶皱带，推测为酸性岩引起
Gh061	近东西向	长条状	1973.9	13.9	较陡	总体显示为磁力高异常，幅值较高，梯度较陡	主要出露石炭系、第四系、石炭纪花岗岩、闪长岩、辉长岩、花岗闪长岩、泥盆系	位于觉罗塔格褶皱带、吐哈盆地、博格达－哈尔里克褶皱带结合部位，推测主要为基底隆起引起，中部及东部多为中酸性岩引起
Gh062	近东西向	不规则	2153.2	18.5	陡	表现为多个磁力高异常，幅值高，梯度陡	主要出露第四系、新近系、泥盆系、二叠系、石炭纪花岗岩、闪长岩	主要位于觉罗塔格褶皱带，推测主要为基底隆起引起，南部及北部多为中酸性岩引起
Gh063	近东西向	条带状	2291.2	20.1	陡	表现为多个磁力高异常，幅值高，梯度陡	主要出露第四系、泥盆系、志留系、新近系、古近系、三叠系、石炭纪闪长岩、花岗岩	主要位于觉罗塔格褶皱带，推测东部为基底隆起引起，西部为中酸性岩引起

续表

编号	局部重力高异常特征					局部磁力异常特征	地表地质概况	推测原因
	走向	形状	面积/km^2	幅值/($10^{-5}/s^2$)	梯度			
Gh064	北东东向	条带状	1211.9	21.7	陡	表现为多个磁力高异常，幅值高，梯度陡	主要出露新近系、古近系、第四系、二叠系、泥盆系	主要位于觉罗塔格褶皱带，推测主要为中酸性岩引起
Gh065	不明显	不规则	126.2	3.8	平缓	磁力高异常，幅值较高，梯度陡	主要出露第四系	位于吐哈盆地，推测北部为基底隆起引起，南部为酸性岩引起
Gh066	不明显	不规则	89.8	2.7	平缓	磁力高异常，幅值较高，梯度陡	主要出露第四系	位于吐哈盆地，推测主要为酸性岩引起
Gh067	近东西向	近椭圆状	92.9	2.5	平缓	“东高西低”梯度带，梯度较陡	主要出露第四系、新近系、古近系	位于吐哈盆地，推测为基底隆起引起
Gh068	近东西向	条带状	640.7	8.6	较陡	总体显示为磁力高异常，幅值高，梯度陡	主要出露第四系、新近系、古近系、石炭系	位于吐哈盆地，推测主要为基底隆起引起，东部及南部多为酸性岩引起
Gh069	近东西向	不规则	175.7	3.9	平缓	总体显示为磁力高异常，幅值较高，梯度较陡	主要出露第四系、古近系	位于吐哈盆地，推测为基底隆起引起
Gh070	不明显	不规则	630.8	8.5	较陡	表现为多个磁力高异常，幅值较高，梯度较陡	主要出露第四系、新近系、古近系、侏罗系	位于吐哈盆地，推测主要为基底隆起引起，西南部部分为酸性岩引起

续表

编号	局部重力高异常特征					局部磁力异常特征	地表地质概况	推测原因
	走向	形状	面积/km^2	幅值/($10^{-5}/s^2$)	梯度			
Gh071	北西西向	条带状	62.3	2.6	平缓	总体显示为磁力高异常，幅值较高，梯度较陡	主要出露侏罗系、第四系	位于吐哈盆地，推测为小幅度褶皱引起
Gh072	北东东向	条带状	73.2	3.3	平缓	东部为磁力高异常，西部为磁力低异常，幅值较高，梯度较陡	主要出露白垩系、侏罗系	位于吐哈盆地，推测为小幅度褶皱引起
Gh073	不明显	近等轴状	44.9	4.7	较缓	“南高北低”梯度带，梯度较陡	主要出露第四系、白垩系	位于吐哈盆地，推测为小幅度褶皱引起
Gh074	不明显	近等轴状	161.8	3.5	平缓	总体显示为磁力高异常，幅值高，梯度陡	主要出露第四系	位于吐哈盆地，推测为基底隆起引起
Gh075	北西西向	近椭圆状	25.9	3.0	平缓	磁力低异常，幅值较高，梯度较缓	主要出露白垩系、古近系	位于吐哈盆地，推测为小幅度褶皱引起
Gh076	北西向	不规则	143.9	3.7	平缓	磁力低异常，幅值较高，梯度较缓	主要出露白垩系、古近系、新近系、第四系	位于吐哈盆地，推测为小幅度褶皱引起
Gh077	北西向	花生状	42.2	3.0	平缓	总体显示为磁力高异常，幅值较低，梯度较缓	主要出露第四系	位于吐哈盆地，推测为小幅度褶皱引起
Gh078	近东西向	近椭圆状	106.8	20.6	陡	“北高南低”梯度带，梯度较缓	主要出露第四系	位于吐哈盆地，推测为基底隆起引起

续表

编号	局部重力高异常特征					局部磁力异常特征	地表地质概况	推测原因
	走向	形状	面积/km²	幅值/(10⁻⁵/s²)	梯度			
Gh079	北东向	不规则	48.1	2.0	平缓	“南高北低”梯度带，梯度较陡	主要出露第四系	位于吐哈盆地，推测为基底隆起引起
Gh080	北东东向	条带状	707.8	19.0	陡	“南高北低”梯度带，梯度较陡	主要出露第四系、石炭系、新近系、古近系、侏罗系	位于吐哈盆地，推测主要为断隆构造引起，东南边缘为酸性岩引起
Gh081	北东向	近椭圆状	105.7	11.5	较陡	磁力低异常，幅值较低，梯度缓	主要出露石炭系、第四系	位于博格达－哈尔里克褶皱带，推测为基底隆起引起
Gh082	北东向	花生状	367.5	11.9	较陡	“北高南低”梯度带，梯度缓	主要出露石炭系、第四系、侏罗系	位于博格达－哈尔里克褶皱带，推测为基底隆起引起
Gh083	北北东向	条带状	391.3	6.4	较缓	“南高北低”梯度带，梯度缓	主要出露侏罗系、第四系、新近系	位于博格达－哈尔里克褶皱带，推测为基底隆起引起
Gh084	北西西向	条带状	940.1	10.2	较陡	总体显示为磁力低异常，幅值较低，梯度缓	主要出露石炭系、第四系、侏罗系、三叠系、二叠系	位于博格达－哈尔里克褶皱带，推测为基底隆起引起
Gh085	北东东向	不规则	453.0	12.4	较陡	总体显示为磁力低异常，幅值较高，梯度较陡	主要出露石炭系、第四系、石炭纪花岗岩	位于博格达－哈尔里克褶皱带，推测为基底隆起引起

续表

编号	局部重力高异常特征					局部磁力异常特征	地表地质概况	推测原因
	走向	形状	面积/km^2	幅值/($10^{-5}/s^2$)	梯度			
Gh086	近东西向	不规则	5514.7	27.6	陡	表现为多个磁力高异常，幅值高，梯度陡	主要出露石炭系、二叠系、石炭纪辉绿玢岩、第四系、二叠系、石炭纪钾长花岗岩	位于博格达-哈尔里克褶皱带，推测为基底隆起引起，中部多为基性岩引起
Gh087	不明显	近等轴状	117.8	3.3	平缓	磁力高异常，幅值高，梯度陡	主要出露石炭系	位于博格达-哈尔里克褶皱带，推测主要为基性岩引起
Gh088	不明显	近等轴状	505.3	13.7	较陡	总体显示为磁力低异常，幅值较高，梯度较陡	主要出露石炭系、侏罗系、新近系、第四系	主要位于博格达-哈尔里克褶皱带，推测为基底隆起引起
Gh089	近东西向	不规则	5826.3	19.9	陡	表现为多个磁力高异常，幅值较高，梯度较缓	主要出露石炭系、第四系、二叠系、三叠系、石炭纪辉绿玢岩、花岗岩、闪长岩、侏罗系	位于博格达-哈尔里克褶皱带，推测主要为基底隆起引起，中部部分为中性岩引起
Gh090	不明显	不规则	1290.0	16.1	较陡	“南高北低”梯度带，梯度缓	主要出露石炭系、二叠系、第四系	主要位于博格达-哈尔里克褶皱带，推测主要为基底隆起引起，中部部分为中性岩引起
Gh091	北北东向	条带状	999.6	13.3	较陡	总体显示为磁力高异常，幅值较高，梯度较陡	主要出露奥陶系、石炭系、泥盆系、石炭纪钾长花岗岩	位于博格达-哈尔里克褶皱带，推测西部为基底隆起引起，东部主要为酸性岩引起

续表

编号	局部重力高异常特征					局部磁力异常特征	地表地质概况	推测原因
	走向	形状	面积/km^2	幅值/($10^{-5}/s^2$)	梯度			
Gh092	东西向	条带状	1569.4	15.8	较陡	表现为多个磁力高异常，幅值较高，梯度较缓	主要出露石炭系、二叠系、二叠纪花岗岩、二长花岗岩	位于博格达－哈尔里克褶皱带，推测主要为基底隆起引起，东端主要为酸性岩引起
Gh093	北西西向	条带状	2946.0	15.3	较陡	表现为多个磁力高异常，幅值较高，梯度较陡	主要出露石炭系、石炭纪花岗岩、泥盆系、奥陶系、第四系、石炭纪闪长岩、辉长岩、花岗闪长岩	位于博格达－哈尔里克褶皱带，推测中部为基底隆起引起，西部主要为酸性岩引起，东部部分为中酸性岩引起
Gh094	北西向	不规则	778.6	13.3	较陡	总体显示为磁力高异常，幅值较低，梯度缓	主要出露奥陶系、泥盆系、石炭纪闪长岩、花岗岩、第四系	位于博格达－哈尔里克褶皱带，推测北部为基底隆起引起，南部主要为中酸性岩引起
Gh095	近东西向	条带状	1319.5	14.8	较陡	西部总体显示为磁力高异常，幅值较低，梯度缓；东部为数据空白区	主要出露石炭系、泥盆系、第四系、二叠系、石炭纪花岗岩	位于博格达－哈尔里克褶皱带，推测为基底隆起引起
Gh096	不明显	不规则	59.4	4.0	较缓	“北高南低”梯度带，梯度缓	主要出露石炭纪闪长岩、花岗岩	主要位于博格达－哈尔里克褶皱带，推测为中性岩引起

续表

编号	局部重力高异常特征					局部磁力异常特征	地表地质概况	推测原因
	走向	形状	面积/km²	幅值/($10^{-5}/s^2$)	梯度			
Gh097	北西西向	条带状	2328.3	16.5	较陡	西部总体显示为磁力高异常，幅值较低，梯度缓；东部为数据空白区	主要出露第四系、石炭系、新近系、古近系、石炭纪闪长岩	位于东准噶尔－南蒙古褶皱带，推测主要为基底隆起引起，西部部分为中性岩引起
Gh098	不明显	不规则	77.2	2.3	平缓	磁力高异常，幅值较高，梯度较缓	主要出露第四系	位于东准噶尔－南蒙古褶皱带，推测为基底隆起引起
Gh099	近东西向	不规则	891.4	13.3	较陡	数据空白区	主要出露泥盆系、石炭系、第四系、志留纪斜长花岗岩、石炭纪花岗闪长岩、石炭纪闪长岩	位于东准噶尔－南蒙古褶皱带，推测为石炭纪闪长岩
Gh100	近东西向	不规则	1102.5	10.3	较陡	数据空白区	主要出露第四系、石炭系、侏罗系、白垩系、新近系、二叠纪石英二长岩	位于东准噶尔－南蒙古褶皱带，推测为石炭纪闪长岩
Gh101	南北向	不规则	104.5	3.5	平缓	数据空白区	主要出露奥陶系、二叠系石炭系、志留纪斜长花岗岩	位于东准噶尔－南蒙古褶皱带，推测为石炭纪闪长岩
Gh102	东西向	条带状	418.2	14.5	较陡	数据空白区	主要出露石炭系	位于东准噶尔－南蒙古褶皱带，推测为基底隆起引起
Gh103	不明显	不规则	350.1	3.7	平缓	数据空白区	主要出露石炭系	位于东准噶尔－南蒙古褶皱带，推测为基底隆起引起

续表

编号	局部重力高异常特征					局部磁力异常特征	地表地质概况	推测原因
	走向	形状	面积/km^2	幅值/($10^{-5}/s^2$)	梯度			
Gh104	不明显	近等轴状	59.7	3.4	平缓	数据空白区	主要出露第四系、二叠系、石炭纪辉绿玢岩、二叠纪花岗斑岩	位于东准噶尔－南蒙古褶皱带，推测为基底隆起引起
Gh105	北西向	近椭圆状	51.1	2.9	平缓	数据空白区	主要出露石炭系、石炭纪花岗岩、闪长岩	位于东准噶尔－南蒙古褶皱带，推测为基底隆起引起
Gh106	北西向	条带状	355.4	14.7	较陡	数据空白区	主要出露石炭系、石炭纪花岗岩、二叠纪钾长花岗岩、二叠系	位于东准噶尔－南蒙古褶皱带，推测为断隆构造引起
Gh107	北西向	不规则状	384.4	9.0	较缓	数据空白区	主要出露新近系、二叠系、石炭系、第四系	位于东准噶尔－南蒙古褶皱带，推测为基底隆起引起
Gh108	北西向	不规则	265.0	7.7	较缓	南部为磁力低异常，幅值低，梯度缓；北部为数据空白区	主要出露古近系、第四系、二叠系	位于东准噶尔－南蒙古褶皱带，推测为基底隆起引起
Gh109	北西向	不规则	3074.2	16.5	较陡	总体显示为磁力低异常，幅值较高，梯度较缓	主要出露石炭系、第四系、泥盆系、侏罗系、石炭纪花岗岩、闪长岩、奥陶系	主要位于东准噶尔－南蒙古褶皱带，推测为基底隆起引起
Gh110	北西向	不规则	1190.4	14.4	较陡	南部为磁力高异常，幅值较低，梯度较缓；北部为数据空白区	主要出露石炭系、二叠系、泥盆系、第四系	位于东准噶尔－南蒙古褶皱带，推测为基底隆起引起

续表

编号	局部重力高异常特征					局部磁力异常特征	地表地质概况	推测原因
	走向	形状	面积/km^2	幅值/($10^{-5}/s^2$)	梯度			
Gh111	北西西向	条带状	165.0	3.3	平缓	磁力高异常，幅值低，梯度缓	主要出露泥盆系、石炭纪花岗闪长岩、志留系	位于东准噶尔－南蒙古褶皱带，推测为基底隆起引起
Gh112	不明显	不规则	92.3	4.8	较缓	磁力高异常，幅值较高，梯度较缓	主要出露泥盆系、石炭系	位于东准噶尔－南蒙古褶皱带，推测为基底隆起引起
Gh113	不明显	条带状	1646.9	12.5	较陡	西部总体显示为磁力低异常，幅值较低，梯度缓；东部为磁力高异常，幅值较高，梯度较陡	主要出露第四系、石炭系、新近系、石炭纪辉绿玢岩	主要位于准噶尔盆地，推测西部为基底隆起引起，东部主要为酸性岩引起
Gh114	不明显	近等轴状	111.2	5.3	较缓	总体显示为磁力高异常，幅值低，梯度缓	主要出露第四系	主要位于准噶尔盆地，推测为基底隆起引起
Gh115	东西向	不规则	983.2	10.4	较陡	磁力高异常，幅值高，梯度陡	主要出露第四系	主要位于准噶尔盆地，推测主要为基底隆起引起，中部主要为酸性岩引起
Gh116	北东向	条带状	250.0	12.0	较陡	磁力高异常，幅值高，梯度陡	主要出露石炭系、侏罗系、新近系、第四系	主要位于准噶尔盆地，推测北部为小幅度褶皱引起，南部为酸性岩引起

续表

编号	局部重力高异常特征					局部磁力异常特征	地表地质概况	推测原因
	走向	形状	面积/km²	幅值/($10^{-5}/s^2$)	梯度			
Gh117	不明显	不规则	3279.5	14.1	较陡	表现为多个磁力高异常，幅值较高，梯度较陡	主要出露第四系、新近系	主要位于准噶尔盆地，推测主要为基底隆起引起，东部部分为酸性岩引起
Gh118	南北向	不规则	589.5	8.2	较缓	"北高南低"梯度带，梯度较陡	主要出露第四系	主要位于准噶尔盆地，推测为基底隆起引起
Gh119	南北向	不规则	95.2	1.7	平缓	总体显示为磁力高异常，幅值低，梯度缓	主要出露第四系	主要位于准噶尔盆地，推测为基底隆起引起
Gh120	东西向	花生状	168.0	2.1	平缓	磁力低异常，幅值低，梯度缓	主要出露第四系	主要位于准噶尔盆地，推测为基底隆起引起
Gh121	不明显	不规则	150.5	2.4	平缓	磁力低异常，幅值低，梯度缓	主要出露第四系	主要位于准噶尔盆地，推测为基底隆起引起
Gh122	东西向	不规则	593.1	5.0	较缓	磁力低异常，幅值低，梯度缓	主要出露第四系	主要位于准噶尔盆地，推测为基底隆起引起

表 4-2　局部重力低异常定性解释一览表

编号	局部重力低异常特征					局部磁力异常特征	地表地质概况	推测原因
	走向	形状	面积/km²	幅值/($10^{-5}/s^2$)	梯度			
Gl001	不明显	三角形	82.5	-2.0	平缓	"北高南低"梯度带，梯度较陡	主要出露第四系	位于塔里木北缘构造带，推测为基底凹陷引起

续表

编号	局部重力低异常特征					局部磁力异常特征	地表地质概况	推测原因
	走向	形状	面积/km^2	幅值/($10^{-5}/s^2$)	梯度			
Gl002	东西向	不规则	533.4	−4.9	较缓	西部总体显示为磁力低异常，幅值较低，梯度缓；东部为磁力高异常，幅值较低，梯度较缓	主要出露第四系	位于塔里木北缘构造带，推测为基底凹陷引起
Gl003	北东东向	不规则	512.8	−3.6	平缓	磁力低异常，幅值较低，梯度缓	主要出露震旦系、寒武系、第四系、青白口系	位于塔里木北缘构造带，推测为基底凹陷引起
Gl004	近东西向	近椭圆状	341.6	−3.6	平缓	总体显示为磁力低异常，幅值较低，梯度缓	主要出露第四系、青白口纪花岗岩、石炭纪花岗岩、第四系	位于塔里木北缘构造带，推测为酸性岩引起
Gl005	北东东向	不规则	1207.5	−6.6	较缓	总体显示为磁力高异常，幅值较高，梯度较陡	主要出露第四系、寒武系、奥陶系、新近系、古近系、志留系、泥盆纪闪长岩、志留纪花岗岩	位于塔里木北缘构造带，推测主要为基底凹陷引起，东端部分为酸性岩引起
Gl006	不明显	不规则	913.4	−3.2	平缓	南部显示为磁力高异常，幅值较高，梯度较陡；北部总体显示为磁力低异常，幅值较高，梯度较陡	土要出露蓟县系、石炭纪花岗岩、钾长花岗岩、辉长岩、新近系、古近系、寒武系、石炭系	主要位于塔里木北缘构造带，推测为基底凹陷引起
Gl007	北东向	不规则	1141.3	−4.6	较缓	中部为磁力高异常，幅值高，梯度陡；周缘为磁力低异常，幅值较高，梯度较陡	主要出露新近系、古近系、蓟县系、石炭纪花岗岩、钾长花岗岩、泥盆纪花岗岩、钾长花岗岩、闪长岩	主要位于塔里木北缘构造带，推测主要为基底凹陷引起，中部为酸性岩引起

续表

编号	局部重力低异常特征					局部磁力异常特征	地表地质概况	推测原因
	走向	形状	面积/km^2	幅值/($10^{-5}/s^2$)	梯度			
Gl008	近东西向	不规则	271.8	-2.7	平缓	“东高西低”梯度带，梯度较缓	主要出露新近系、青白口系、蓟县系、泥盆纪花岗岩、钾长花岗岩	位于塔里木北缘构造带，推测为基底凹陷引起
Gl009	不明显	三角形	336.0	-4.6	较缓	“南高北低”梯度带，梯度缓	主要出露二叠系、志留系、奥陶系、第四系、石炭纪闪长岩、泥盆纪钾长花岗岩	位于北山构造区，推测为基底凹陷引起
Gl010	北东东向	近椭圆状	469.3	-11.3	较陡	“南高北低”梯度带，梯度较缓	主要出露第四系、新近系、二叠系、青白口系、奥陶系、泥盆纪钾长花岗岩	位于北山构造区，推测为山间洼陷引起
Gl011	北东东向	不规则	558.1	-6.3	较缓	总体显示为磁力低异常，幅值低，梯度缓	主要出露第四系、青白口系、新近系、石炭系、石炭纪花岗岩、二叠纪辉长岩、钾长花岗岩	位于北山构造区，推测为基底凹陷引起
Gl012	北西西向	近椭圆状	126.9	-2.0	平缓	“东高西低”梯度带，梯度较缓	主要出露石炭纪花岗岩、第四系、青白口系、寒武系、志留系	位于北山构造区，推测为基底凹陷引起
Gl013	北东东向	长条状	1459.1	-9.4	较陡	总体显示为磁力低异常，幅值低，梯度缓	主要出露石炭纪花岗岩、泥盆纪石英闪长岩、三叠纪二长花岗岩、第四系、新近系、寒武系、蓟县系	位于北山构造区，推测为酸性岩引起

续表

编号	局部重力低异常特征					局部磁力异常特征	地表地质概况	推测原因
	走向	形状	面积/km^2	幅值/($10^{-5}/s^2$)	梯度			
Gl014	近东西向	花生状	358.8	-3.4	平缓	总体显示为磁力低异常，幅值低，梯度缓	主要出露第四系、二叠系、新近系	位于北山构造区，推测为基底凹陷引起
Gl015	北东向	不规则	1397.5	-12.9	较陡	总体显示为磁力低异常，幅值较低，梯度较缓	主要出露长城系、石炭纪花岗岩、闪长岩、钾长花岗岩、二叠系、新近系、蓟县系、长城系	主要位于东天山构造带，推测为基底凹陷引起
Gl016	不明显	近等轴状	90.1	-4.0	较缓	总体显示为磁力高异常，幅值较低，梯度缓	主要出露石炭系、蓟县系、青白口纪闪长岩	位于东天山构造带，推测为基底凹陷引起
Gl017	北西向	条带状	745.8	-9.3	较陡	总体显示为磁力低异常，幅值较低，梯度较缓	主要出露泥盆纪花岗岩、钾长花岗岩、蓟县系、石炭系、二叠系、寒武系、石炭纪花岗岩	主要位于东天山构造带，推测为酸性岩引起
Gl018	北东向	长条状	2085.1	-13.6	较陡	总体显示为磁力低异常，幅值较低，梯度较缓	主要出露蓟县系、石炭系、太古界、长城系、石炭纪钾长花岗岩、闪长岩、青白口纪花岗岩	位于东天山构造带，推测为断凹构造引起
Gl019	东西向	花生状	404.4	-3.8	平缓	总体显示为磁力低异常，幅值较低，梯度较缓	主要出露石炭纪花岗岩、石炭系	位于东天山构造带，推测为酸性岩引起
Gl020	北西西向	近椭圆状	178.5	-3.7	平缓	“北高南低”梯度带，梯度较陡	主要出露长城系、石炭系、青白口纪花岗岩、石炭纪花岗岩	位于东天山构造带，推测为酸性岩引起

续表

编号	局部重力低异常特征					局部磁力异常特征	地表地质概况	推测原因
	走向	形状	面积/km^2	幅值/($10^{-5}/s^2$)	梯度			
Gl021	北西西向	近椭圆状	166.4	-4.9	较缓	磁力低异常，幅值较高，梯度较陡	主要出露长城系、蓟县系、石炭纪钾长花岗岩	位于东天山构造带，推测为酸性岩引起
Gl022	北北西向	不规则	690.5	-14.0	较陡	总体显示为磁力低异常，幅值较低，梯度较缓	主要出露蓟县系、泥盆系、石炭纪花岗岩、钾长花岗岩、石炭系、志留系	位于东天山构造带，推测为酸性岩引起
Gl023	北东东向	不规则	989.8	-5.6	较缓	东部显示为磁力高异常，幅值较高，梯度较陡；西部总体显示为磁力低异常，幅值较低，梯度较缓	主要出露太古代片麻岩、石炭纪花岗岩、泥盆纪钾长花岗岩、泥盆系、志留系、奥图拉托格拉克群	位于东天山构造带，推测主要为酸性岩引起
Gl024	不明显	等轴状	93.0	-3.3	平缓	磁力低异常，幅值较低，梯度缓	主要出露长城系、石炭纪花岗岩、钾长花岗岩	位于东天山构造带，推测为酸性岩引起
Gl025	近东西向	不规则	982.8	-17.2	较陡	总体显示为磁力低异常，幅值较低，梯度较缓	主要出露第四系、石炭系、侏罗系、石炭纪钾长花岗岩	位于东天山构造带，推测为基底凹陷引起
Gl026	近东西向	不规则	220.1	-10.5	较陡	磁力高异常，幅值较低，梯度较缓	主要出露第四系、泥盆系、志留系	位于东天山构造带，推测为基底凹陷引起
Gl027	近东西向	不规则	297.5	-6.6	较缓	磁力高异常，幅值低，梯度缓	主要出露志留系、石炭纪花岗岩、闪长岩	位于东天山构造带，推测为基底凹陷引起

续表

编号	局部重力低异常特征					局部磁力异常特征	地表地质概况	推测原因
	走向	形状	面积/km^2	幅值/($10^{-5}/s^2$)	梯度			
Gl028	近东西向	不规则	2740.4	-19.4	陡	总体显示为磁力高异常，幅值较高，梯度较陡	主要出露第四系、石炭系、侏罗系、新近系、古近系、石炭纪花岗岩、钾长花岗岩	位于东天山构造带，推测为基底凹陷引起
Gl029	北西向	条带状	474.7	-10.1	较陡	总体显示为磁力高异常，幅值较低，梯度较缓	主要出露第四系、石炭纪钾长花岗岩、石炭系	位于东天山构造带，推测为酸性岩引起
Gl030	北西西向	不规则	1106.1	-11.8	较陡	总体显示为磁力高异常，幅值较低，梯度较缓	主要出露第四系	位于东天山构造带，推测为山间洼陷引起
Gl031	北西西向	不规则	694.6	-12.9	较陡	总体显示为磁力低异常，幅值低，梯度缓	主要出露第四系、石炭纪花岗岩、泥盆纪花岗岩、泥盆系	位于东天山构造带，推测为基底凹陷引起
Gl032	不明显	不规则	174.2	-6.0	较缓	总体显示为磁力低异常，幅值较低，梯度较缓	主要出露第四系、泥盆系、石炭纪花岗岩	位于东天山构造带，推测为基底凹陷引起
Gl033	东西向	不规则	99.1	-3.4	平缓	总体显示为磁力低异常，幅值较低，梯度较缓	主要出露第四系、泥盆系	位于东天山构造带，推测为基底凹陷引起
Gl034	北西西向	不规则	1041.7	-17.7	陡	总体显示为磁力高异常，幅值较低，梯度较缓	主要出露泥盆纪花岗岩、第四系、石炭纪花岗岩、泥盆系	位于东天山构造带，推测为酸性岩引起
Gl035	北西西向	不规则	1286.8	-17.6	陡	总体显示为磁力低异常，幅值低，梯度缓	主要出露第四系、泥盆纪钾长花岗岩、泥盆系	位于东天山构造带，推测为基底凹陷引起

续表

编号	局部重力低异常特征					局部磁力异常特征	地表地质概况	推测原因
	走向	形状	面积/km^2	幅值/($10^{-5}/s^2$)	梯度			
Gl036	东西向	不规则	143.0	-4.1	较缓	总体显示为磁力低异常，幅值较低，梯度较缓	主要出露石炭系、长城系、泥盆纪钾长花岗岩、石炭纪闪长岩	位于东天山构造带，推测为中酸性岩引起
Gl037	不明显	等轴状	87.3	-2.7	平缓	磁力低异常，幅值低，梯度缓	主要出露长城系、泥盆纪闪长岩、石炭纪钾长花岗岩	位于东天山构造带，推测为基底凹陷引起
Gl038	北西向	条带状	538.4	-7.1	较陡	磁力低异常，幅值较低，梯度较缓	主要出露二叠系、泥盆系、石炭系、长城系	位于觉罗塔格褶皱带，推测为基底凹陷引起
Gl039	北东东向	不规则	276.0	-8.7	较陡	“南高北低”梯度带，梯度较陡	主要出露石炭系、二叠系、二叠纪花岗岩、泥盆系	位于觉罗塔格褶皱带，推测中性岩引起
Gl040	北西向	不规则	218.2	-8.4	较陡	“北高南低”梯度带，梯度较缓	主要出露石炭纪花岗岩、石炭系	位于觉罗塔格褶皱带，推测为酸性岩引起
Gl041	北东东向	条带状	1926.7	-11.8	较陡	总体显示为磁力低异常，幅值较高，梯度较陡	主要出露石炭系、第四系、长城系、石炭纪花岗岩、三叠纪花岗岩、二叠系	位于觉罗塔格褶皱带，推测为基底凹陷引起
Gl042	近东西向	不规则	4209.8	-12.0	较陡	总体显示为磁力低异常，幅值较高，梯度较陡	主要出露石炭系、新近系、古近系、二叠纪花岗岩	位于觉罗塔格褶皱带，推测为基底凹陷引起
Gl043	不明显	不规则	102.2	-3.2	平缓	“北高南低”梯度带，梯度较陡	主要出露石炭系、新近系、古近系、石炭纪钾长花岗岩	位于雅满苏断裂带，推测为酸性岩引起

编号	局部重力低异常特征					局部磁力异常特征	地表地质概况	推测原因
	走向	形状	面积/km^2	幅值/($10^{-5}/s^2$)	梯度			
Gl044	北东东向	不规则	1367.6	-23.2	陡	总体显示为磁力低异常，幅值较低，梯度较缓	主要出露石炭系、第四系、新近系、古近系、石炭纪花岗岩、钾长花岗岩	位于觉罗塔格褶皱带，推测为基底凹陷引起
Gl045	北西向	不规则	515.8	-21.8	陡	总体显示为磁力高异常，幅值较低，梯度较缓	主要出露二叠纪钾长花岗岩、二叠系、石炭系、石炭纪闪长岩、第四系	位于觉罗塔格褶皱带，推测为酸性岩引起
Gl046	北西向	不规则	186.9	-6.6	较缓	磁力低异常，幅值较高，梯度较缓	主要出露第四系、石炭系、石炭纪花岗岩、二叠系	位于觉罗塔格褶皱带，推测为基底凹陷引起
Gl047	北东东向	不规则	145.5	-6.8	较缓	“西高东低”梯度带，梯度较缓	主要出露石炭系、第四系、二叠系	位于觉罗塔格褶皱带，推测为基底凹陷引起
Gl048	北东东向	条带状	494.9	-10.9	较陡	磁力高异常，幅值较高，梯度较陡	主要出露石炭系、古近系、新近系、二叠纪钾长花岗岩	位于觉罗塔格褶皱带，推测为酸性岩引起
Gl049	北东东向	椭圆状	130.2	-4.4	较缓	磁力高异常，幅值较高，梯度较陡	主要出露第四系	位于雅满苏断裂带，推测为基底凹陷引起
Gl050	北东东向	长条状	1485.4	-22.2	陡	磁力低异常，幅值较高，梯度较陡	主要出露石炭系、第四系、新近系、古近系、石炭纪花岗岩、钾长花岗岩	位于觉罗塔格褶皱带，推测为基底凹陷引起

续表

编号	局部重力低异常特征					局部磁力异常特征	地表地质概况	推测原因
	走向	形状	面积/km^2	幅值/($10^{-5}/s^2$)	梯度			
Gl051	近东西向	长条状	1122.5	-20.0	陡	中部为磁力高异常，幅值较高，梯度较陡；两端为磁力低异常，幅值较高，梯度较陡	主要出露第四系、泥盆系、石炭系、二叠系、侏罗系、石炭纪花岗岩	主要位于觉罗塔格褶皱带，推测主要为基底凹陷引起，中部部分为中酸性岩引起
Gl052	近东西向	长条状	1311.2	-14.1	较陡	东部为磁力高异常，幅值高，梯度陡；西部为磁力低异常，幅值较高，梯度较陡	主要出露第四系、新近系、古近系、侏罗系	位于觉罗塔格褶皱带，推测主要为基底凹陷引起，东部为中酸性岩引起
Gl053	东西向	近椭圆状	93.2	-7.6	较缓	“东高西低”梯度带，梯度较陡	主要出露侏罗系、第四系	位于觉罗塔格褶皱带，推测为基底凹陷引起
Gl054	北西西向	条带状	45.2	-4.9	较缓	磁力高异常，幅值高，梯度较缓	主要出露第四系	位于觉罗塔格褶皱带，推测为中酸性岩引起
Gl055	北西西向	条带状	2253.3	-16.9	较陡	总体显示为磁力低异常，幅值高，梯度陡	主要出露第四系、新近系、石炭纪花岗岩、钾长花岗岩、侏罗系	位于觉罗塔格褶皱带，推测为基底凹陷引起
Gl056	近东西向	近椭圆状	347.7	-14.6	较陡	总体显示为磁力高异常，幅值较高，梯度较陡	主要出露第四系	位于吐哈盆地，推测主要为基底凹陷引起，东部为酸性岩引起
Gl057	不明显	不规则	594.3	-7.5	较缓	总体显示为磁力低异常，幅值较低，梯度较缓	主要出露第四系、石炭纪花岗岩、泥盆系	主要位于吐哈盆地，推测为酸性岩引起

续表

编号	局部重力低异常特征					局部磁力异常特征	地表地质概况	推测原因
	走向	形状	面积/km^2	幅值/($10^{-5}/s^2$)	梯度			
Gl058	不明显	不规则	3111.4	-9.1	较陡	中部为磁力高异常，幅值较高，梯度较陡；周缘总体显示为磁力低异常，幅值较低，梯度较缓	主要出露第四系、石炭纪花岗岩、石炭系、泥盆系、二叠系、奥陶系、新近系、古近系	主要位于吐哈盆地，推测主要为基底凹陷引起，中部部分为酸性岩引起
Gl059	近东西向	不规则	505.9	-8.0	较缓	总体显示为磁力低异常，幅值较低，梯度较缓	主要出露第四系、新近系、古近系	位于吐哈盆地，推测为基底凹陷引起
Gl060	不明显	不规则	1369.7	-8.2	较缓	表现为多个磁力高异常，幅值较高，梯度较陡	主要出露第四系、古近系	位于吐哈盆地，推测主要为基底凹陷引起，中部部分为中酸性岩引起
Gl061	近东西向	条带状	1485.7	-6.0	较缓	总体显示为磁力低异常，幅值较高，梯度较陡	主要出露第四系、新近系、古近系、侏罗系、石炭系	位于吐哈盆地，推测主要为基底凹陷引起，中部部分为酸性岩引起
Gl062	近东西向	不规则	720.5	-12.1	较陡	总体显示为磁力高异常，幅值较低，梯度较缓	主要出露第四系、石炭系、二叠系、石炭纪花岗岩	位于吐哈盆地，推测主要为基底凹陷引起，中部部分为酸性岩引起
Gl063	东西向	条带状	688.9	-12.2	较陡	总体显示为磁力低异常，幅值高，梯度陡	主要出露古近系、第四系、三叠系、泥盆系	主要位于吐哈盆地，推测为基底凹陷引起

续表

编号	局部重力低异常特征					局部磁力异常特征	地表地质概况	推测原因
	走向	形状	面积/km²	幅值/（$10^{-5}/s^2$）	梯度			
Gl064	不明显	近等轴状	139.2	-5.0	较缓	总体显示为磁力高异常，幅值高，梯度陡	主要出露第四系、新近系、古近系	位于康古尔塔格断裂带，推测北部为基底凹陷引起，南部为酸性岩引起
Gl065	北东向	近椭圆状	291.0	-8.6	较陡	总体显示为磁力低异常，幅值低，梯度缓	主要出露第四系、新近系、古近系	位于觉罗塔格褶皱带，推测为基底凹陷引起
Gl066	北西西向	不规则	525.4	-9.3	较陡	总体显示为磁力高异常，幅值较高，梯度较陡	主要出露第四系	位于吐哈盆地，推测为基底凹陷引起
Gl067	北东东向	不规则	1495.9	-9.7	较陡	总体显示为磁力低异常，幅值较高，梯度较陡	主要出露第四系、侏罗系、白垩系	位于吐哈盆地，推测为基底凹陷引起
Gl068	北东东向	条带状	7014.3	-15.5	较陡	磁力异常复杂变化区，幅值较低，梯度较缓	主要出露第四系、新近系、古近系、侏罗系、二叠系、石炭系	位于吐哈盆地，推测为基底凹陷引起
Gl069	东西向	条带状	667.6	-5.7	较缓	磁力异常复杂变化区，幅值较低，梯度较缓	主要出露第四系、侏罗系、白垩系	位于吐哈盆地，推测为基底凹陷引起
Gl070	近东西向	不规则	4553.2	-19.5	陡	磁力异常复杂变化区，幅值较低，梯度较缓	主要出露第四系、新近系、石炭系、侏罗系、古近系、奥陶系	位于吐哈盆地，推测为基底凹陷引起
Gl071	近东西向	条带状	1037.9	-9.3	较陡	总体显示为磁力低异常，幅值较高，梯度较陡	主要出露第四系、石炭系、二叠系、新近系、古近系	主要位于吐哈盆地，推测为基底凹陷引起

续表

编号	局部重力低异常特征					局部磁力异常特征	地表地质概况	推测原因
	走向	形状	面积/km^2	幅值/($10^{-5}/s^2$)	梯度			
Gl072	北东东向	条带状	1042.3	-14.6	较陡	总体显示为磁力低异常，幅值较高，梯度较陡	主要出露第四系、侏罗系、三叠系、二叠系、石炭系	主要位于吐哈盆地，推测主要为沉积岩中磁性物质引起，中部部分为酸性岩引起
Gl073	北东向	不规则	742.1	-14.8	较陡	总体显示为磁力低异常，幅值低，梯度缓	主要出露石炭系、第四系、侏罗系、二叠纪花岗岩、三叠系	位于博格达-哈尔里克褶皱带，推测为基底凹陷引起
Gl074	北东向	不规则	951.2	-14.7	较陡	总体显示为磁力低异常，幅值低，梯度缓	主要出露石炭系、侏罗系、长城系、泥盆纪钾长花岗岩	位于博格达-哈尔里克褶皱带，推测为基底凹陷引起
Gl075	不明显	不规则	204.2	-6.8	较缓	总体显示为磁力低异常，幅值低，梯度缓	主要出露第四系、泥盆系、石炭系、侏罗系	位于博格达-哈尔里克褶皱带，推测为基底凹陷引起
Gl076	北东向	近椭圆状	360.5	-6.6	较缓	磁力高异常，幅值较低，梯度较缓	主要出露第四系	位于博格达-哈尔里克褶皱带，推测为基底凹陷引起
Gl077	北西西向	不规则	288.0	-13.2	较陡	“西高东低”梯度带，梯度较缓	主要出露第四系、石炭系	位于博格达-哈尔里克褶皱带，推测为基底凹陷引起
Gl078	东西向	花生状	1643.2	-17.6	陡	中部为磁力高异常，幅值较高，梯度较陡；两低总体显示为磁力低异常，幅值较低，梯度较缓	主要出露第四系、侏罗系、白垩系、古近系、新近系	位于博格达-哈尔里克褶皱带，推测主要为基底凹陷引起，中部部分为酸性岩引起

续表

编号	局部重力低异常特征					局部磁力异常特征	地表地质概况	推测原因
	走向	形状	面积/km^2	幅值/($10^{-5}/s^2$)	梯度			
Gl079	不明显	不规则	879.8	-15.5	较陡	中部为磁力高异常，幅值较高，梯度较陡；周缘总体显示为磁力低异常，幅值较低，梯度较缓	主要出露第四系、二叠系、石炭系、石炭纪钾长花岗岩	主要位于准噶尔盆地，推测为基底凹陷引起
Gl080	北西向	不规则	963.7	-9.1	较陡	总体显示为磁力高异常，幅值较高，梯度较陡	主要出露石炭系、二叠系、第四系、泥盆系、石炭纪花岗岩、辉绿玢岩	主要位于博格达-哈尔里克褶皱带，推测为基底凹陷引起
Gl081	北东向	花生状	715.7	-12.3	较陡	南部为磁力高异常，幅值较低，梯度较缓；北部为磁力低异常，幅值较低，梯度较缓	主要出露石炭系、二叠系、奥陶系	位于博格达-哈尔里克褶皱带，推测为基底凹陷引起
Gl082	近东西向	近椭圆状	355.3	-8.4	较缓	总体显示为磁力低异常，幅值低，梯度缓	主要出露石炭系、二叠系	位于博格达-哈尔里克褶皱带，推测为基底凹陷引起
Gl083	东西向	条带状	1728.9	-13.6	较陡	总体显示为磁力低异常，幅值较低，梯度较缓	主要出露第四系、泥盆纪花岗岩、钾长花岗岩、泥盆系、二叠系、石炭系、奥陶系	位于博格达-哈尔里克褶皱带，推测为山间洼陷引起
Gl084	北西向	不规则	788.3	-7.8	较缓	总体显示为磁力高异常，幅值较高，梯度较陡	主要出露第四系、奥陶系、石炭纪钾长花岗岩、石炭系	位于博格达-哈尔里克褶皱带，推测为山间洼陷引起

续表

编号	局部重力低异常特征					局部磁力异常特征	地表地质概况	推测原因
	走向	形状	面积/km^2	幅值/($10^{-5}/s^2$)	梯度			
Gl085	近东西向	不规则状	859.3	-13.0	较陡	总体显示为磁力低异常，幅值低，梯度缓	主要出露石炭系、第四系、奥陶系、石炭纪花岗岩、侏罗系	主要位于博格达-哈尔里克褶皱带，推测为基底凹陷引起
Gl086	北西向	近椭圆状	168.5	-10.8	较陡	总体显示为磁力低异常，幅值低，梯度缓	主要出露第四系、石炭系	位于博格达-哈尔里克褶皱带，推测为基底凹陷引起
Gl087	北西向	近矩形状	515.0	-10.9	较陡	总体显示为磁力低异常，幅值较低，梯度较缓	主要出露泥盆系、第四系、石炭纪花岗岩	位于博格达-哈尔里克褶皱带，推测为基底凹陷引起
Gl088	东西向	花生状	831.0	-11.2	较陡	西部为磁力低异常，幅值较低，梯度较缓；东部为数据空白区	主要出露石炭纪花岗岩、钾长花岗岩、闪长岩、泥盆系	位于博格达-哈尔里克褶皱带，推测为酸性岩引起
Gl089	北西西向	条带状	2082.9	-22.6	陡	西部为磁力低异常，幅值低，梯度缓；东部为数据空白区	主要出露第四系、石炭系、石炭纪钾长花岗岩、泥盆系	位于博格达-哈尔里克褶皱带，推测主要为基底凹陷引起，中部部分为酸性岩引起
Gl090	不明显	等轴状	249.2	-12.7	较陡	数据空白区	主要出露第四系	位于东准噶尔-南蒙古褶皱带，推测为基底凹陷引起
Gl091	近东西向	条带状	1231.7	-16.3	较陡	西部为磁力高异常，幅值低，梯度缓；东部为数据空白区	主要出露第四系、侏罗系、石炭系、新近系、古近系、石炭纪钾长花岗岩	位于东准噶尔-南蒙古褶皱带，推测为基底凹陷引起

续表

编号	局部重力低异常特征					局部磁力异常特征	地表地质概况	推测原因
	走向	形状	面积/km^2	幅值/($10^{-5}/s^2$)	梯度			
Gl092	北西西向	不规则	294.2	-11.2	较陡	总体显示为磁力低异常，幅值低，梯度缓	主要出露第四系	位于东准噶尔-南蒙古褶皱带，推测为基底凹陷引起
Gl093	北西向	近椭圆状	51.2	-3.2	平缓	数据空白区	主要出露石炭纪花岗岩、二叠系	位于东准噶尔-南蒙古褶皱带，推测为酸性岩引起
Gl094	不明显	不规则	176.8	-5.9	较缓	数据空白区	主要出露石炭系	位于东准噶尔-南蒙古褶皱带，推测为基底凹陷引起
Gl095	不明显	不规则	724.2	-8.6	较缓	数据空白区	主要出露石炭系、第四系、石炭纪花岗岩、钾长花岗岩	位于东准噶尔-南蒙古褶皱带，推测为基底凹陷和酸性岩共同引起
Gl096	不明显	不规则	94.3	-6.2	较缓	数据空白区	主要出露石炭系	位于东准噶尔-南蒙古褶皱带，推测为基底凹陷引起
Gl097	北西向	不规则	887.4	-13.3	较陡	数据空白区	主要出露新近系、石炭系、二叠系、石炭纪花岗岩	位于东准噶尔-南蒙古褶皱带，推测为基底凹陷引起
Gl098	北西向	不规则	3462.3	-11.9	较陡	中部总体显示为磁力低异常，幅值低，梯度缓；两端为数据空白区	主要出露第四系、新近系、白垩系、二叠系	位于东准噶尔-南蒙古褶皱带，推测为基底凹陷引起
Gl099	北北西向	条带状	510.4	-5.8	较缓	西部总体显示为磁力低异常，幅值较低，梯度较缓；东部为数据空白区	主要出露石炭系、侏罗系、泥盆系、石炭纪闪长玢岩	位于东准噶尔-南蒙古褶皱带，推测为基底凹陷引起

续表

编号	局部重力低异常特征					局部磁力异常特征	地表地质概况	推测原因
	走向	形状	面积/km^2	幅值/($10^{-5}/s^2$)	梯度			
Gl100	北西西向	条带状	2745.7	-13.7	较陡	总体显示为磁力低异常，幅值较低，梯度较缓	主要出露石炭系、第四系、侏罗系、泥盆系、石炭纪花岗岩、钾长花岗岩、泥盆纪花岗岩	主要位于东准噶尔-南蒙古褶皱带，推测为基底凹陷引起
Gl101	不明显	不规则	304.6	-3.6	平缓	磁力低异常，幅值低，梯度缓	主要出露第四系、石炭系	位于克拉美丽断裂带，推测为基底凹陷引起
Gl102	近东西向	花生状	107.2	-3.9	平缓	磁力低异常，幅值低，梯度缓	主要出露石炭系、泥盆系、石炭纪钾长花岗岩、志留系	位于博格达-哈尔里克褶皱带，推测为断凹构造引起
Gl103	北东向	不规则	74.4	-3.2	平缓	磁力低异常，幅值低，梯度缓	主要出露石炭系、奥陶系、石炭纪辉绿玢岩	位于博格达北缘断裂带，推测为基底凹陷引起
Gl104	不明显	不规则	1817.0	-11.6	较陡	磁力异常复杂变化区，幅值较低，梯度较缓	主要出露第四系、新近系、侏罗系	位于准噶尔盆地，推测为基底凹陷引起
Gl105	北东向	不规则	333.3	-5.5	较缓	磁力低异常，幅值较高，梯度较陡	主要出露第四系、新近系	位于准噶尔盆地，推测为基底凹陷引起
Gl106	近东西向	不规则	562.0	-5.9	较缓	南部为磁力高异常，幅值较高，梯度较陡；北部为磁力低异常，幅值较低，梯度较缓	主要出露第四系	位于准噶尔盆地，推测为基底凹陷引起
Gl107	不明显	近椭圆状	437.7	-11.7	较陡	总体显示为磁力高异常，幅值较高，梯度较陡	主要出露第四系	位于准噶尔盆地，推测主要为基底凹陷引起，东部部分为酸性岩引起

续表

编号	局部重力低异常特征					局部磁力异常特征	地表地质概况	推测原因
	走向	形状	面积/km^2	幅值/$(10^{-5}/s^2)$	梯度			
Gl108	不明显	不规则	1154.9	-7.6	较缓	南部为磁力高异常，幅值较低，梯度较缓；北部为磁力低异常，幅值较低，梯度较缓	主要出露第四系	位于准噶尔盆地，推测为基底凹陷引起
Gl109	近东西向	不规则	2409.1	-13.7	较陡	北部为磁力高异常，幅值较低，梯度较缓；南部为磁力低异常，幅值较低，梯度较缓	主要出露第四系、石炭系	位于准噶尔盆地，推测为基底凹陷引起
Gl110	北西向	不规则	913.3	-14.3	较陡	磁力低异常，幅值低，梯度缓	主要出露第四系、二叠系、三叠系、侏罗系	位于准噶尔盆地，推测为基底凹陷引起
Gl111	北西西向	条带状	2185.4	-14.0	较陡	中部为磁力高异常，幅值较低，梯度较缓；两端为磁力低异常，幅值较低，梯度较缓	主要出露第四系、侏罗系、二叠系、三叠系	主要位于准噶尔盆地，推测为基底凹陷引起
Gl112	北东东向	条带状	1963.9	-12.3	较陡	磁力低异常，幅值低，梯度缓	主要出露第四系、侏罗系、二叠系、古近系、新近系、三叠系	主要位于准噶尔盆地，推测为基底凹陷引起
Gl113	近东西向	花生状	240.3	-2.4	平缓	磁力低异常，幅值低，梯度缓	主要出露第四系	位于准噶尔盆地，推测为基底凹陷引起
Gl114	不明显	近等轴状	499.2	-10.7	较陡	磁力低异常，幅值低，梯度缓	主要出露第四系	位于准噶尔盆地，推测为基底凹陷引起
Gl115	北东向	花生状	70.5	-1.8	平缓	总体显示为磁力高异常，幅值低，梯度缓	主要出露第四系	位于准噶尔盆地，推测为基底凹陷引起

发育于该区的正向局部构造(重力高)主要由以下 3 个方面的地质因素引起：

(1)由基底隆起引起。该区这类异常较多，主要分布在本区塔里木北缘构造带、东天山构造带、博格达－哈尔里克褶皱带、觉罗塔格褶皱带、东准噶尔－南蒙古褶皱带内。异常区地表出露元古界、古生界，并伴有古生代岩浆岩体。

(2)由小幅度褶皱(挤压背斜)引起。这类异常主要发育在吐哈盆地、准噶尔盆地及塔里木北缘构造带内，异常幅度相对小，变化平缓，地表多被第四系覆盖。可能由于构造作用，在盆地内产生挤压背斜，造成基底局部抬升，进而引起重力高。

(3)由断隆构造引起。这类异常主要发育在东天山构造带、吐哈盆地、北山构造区、塔里木北缘构造带内，异常幅度大，异常区边部陡。这类异常地表部分被第四系覆盖，部分见中生界露头，异常区范围受断层控制。可能由于断裂作用，产生断隆构造，造成基底局部抬升，进而引起重力高。

发育于该区的负向构造(重力低)主要由以下 4 个方面的地质因素引起：

(1)由基底凹陷引起。该区内这类异常广泛分布于吐哈盆地及邻区各个构造单元内。这类异常区地表多为第四系覆盖区，在异常区内中、新生界发育，而且厚度较大。中、新生界密度相对小，因而产生的重力低。

(2)由断凹引起。这类异常主要分布在东天山构造带、博格达－哈尔里克褶皱带内，其地表多为第四系覆盖区，其周边为重力高，异常区位于断层的下降盘。由于断层的作用，下降盘中、新生界局部增厚，进而引起重力低。

(3)由山间洼陷(中、新生界局部增厚)引起。这类异常大多分布于东天山－哈尔里克褶皱带、东天山构造带内。这类异常地表多有中、新生界分布，周边零星出露古生界，可能受古地貌影响，在山间低洼地带发育较厚的中、新生界。密度较小的中、新生界局部因厚度增大而产生重力低。

(4)由火成岩或由火成岩与中新生界共同引起。这类异常广泛分布于东天山构造带、觉罗塔格褶皱带内。这类异常地表多有古生代花岗岩分布，或同时伴有中、新生界露头。由于发育花岗岩，中、新生界具有较低的密度，因而产生的重力低。

三、局部磁力异常定性解释

同样结合地表地质，已有地球物理、地质研究成果，对吐哈盆地及邻区局部磁力异常的成因进行了定性分析(表4－3)。该区局部磁性体发育，局部磁性体宏观走向与区域构造走向一致，为北西西向(近东西向)，局部磁性体亦明显受断层控制。

表4－3　局部磁力高异常定性解释一览表

编号	局部磁力高异常特征					局部重力异常特征	地表地质概况	推测原因
	走向	形状	面积/km^2	幅值/nT	梯度			
M001	北西西向	条带状	910.2	125.8	较陡	东部为重力高异常，幅值较低，梯度较缓；西部为重力低异常，幅值低，梯度缓	主要出露第四系、青白口系、寒武纪花岗斑岩	位于塔里木北缘构造带，推测为变质基底引起
M002	不明显	不规则	455.1	57.5	较缓	“北高南低”梯度带，梯度较缓	主要出露古元古界兴地塔格群、长城系、第四系、青白口辉长岩	位于塔里木北缘构造带，推测为变质基底引起
M003	不明显	不规则	273.4	126.2	较陡	总体显示为重力高异常，幅值较低，梯度平缓	主要出露青白口纪钾长花岗岩、古元古界兴地塔格群、第四系	位于塔里木北缘构造带，推测为酸性岩引起
M004	北西西向	条带状	637.6	54.8	较缓	总体显示为重力高异常，幅值较低，梯度平缓	主要出露古元古界兴地塔格群、第四系、青白口纪花岗岩、石炭纪花岗岩	位于塔里木北缘构造带，推测为变质基底引起
M005	北东东向	近椭圆状	182.5	67.7	较缓	总体显示为重力高异常，幅值低，梯度平缓	主要出露长城系、石炭纪花岗岩、寒武系、奥陶系、泥盆系、蓟县系	位于塔里木北缘构造带，推测为变质基底引起

续表

编号	局部磁力高异常特征					局部重力异常特征	地表地质概况	推测原因
	走向	形状	面积/km^2	幅值/nT	梯度			
M006	东西向	不规则	728.3	41.7	较缓	重力高异常，幅值较高，梯度较陡	主要出露古元古界兴地塔格群、太古界达格拉格布拉克群、第四系、蓟县系	位于塔里木北缘构造带，推测为变质基底引起
M007	不明显	不规则	910.7	123.1	较陡	总体显示为重力高异常，幅值低，梯度平缓	主要出露长城纪花岗岩、太古代片麻岩、古元古界兴地塔格群、蓟县纪二长花岗岩、长城系	主要位于塔里木北缘构造带，推测为变质基底引起
M008	不明显	近等轴状	273.8	140.9	较陡	重力高异常，幅值较低，梯度平缓	主要出露中元古界长城系、蓟县系、石炭纪花岗岩、志留系	位于塔里木北缘构造带，推测为酸性岩引起
M009	北东东向	近椭圆状	345.3	189.7	陡	重力高异常梯度带，梯度较缓	主要出露中元古界长城系、蓟县系、志留纪花岗岩、志留系	位于塔里木北缘构造带，推测为酸性岩引起
M010	近东西向	不规则	1947.2	170.3	较陡	总体显示为重力低异常，幅值较低，梯度较缓	主要出露第四系、新近系、古近系、寒武系、奥陶系、志留系、泥盆系	位于塔里木北缘构造带，推测主要为变质基底和小面积酸性岩共同引起
M011	北东东向	不规则	1046.4	196.1	陡	西部为重力高异常，幅值较低，梯度较缓；东部为重力低异常，幅值较低，梯度缓	主要出露第四系、新近系、长城系、石炭纪花岗岩、闪长岩	主要位于塔里木北缘构造带，推测为酸性岩引起
M012	不明显	不规则	109.2	35.5	较缓	总体显示为重力高异常，幅值低，梯度缓	主要出露第四系、二叠系、石炭纪钾长花岗岩	位于北山构造区，推测为沉积岩中的磁性物质引起

续表

编号	局部磁力高异常特征					局部重力异常特征	地表地质概况	推测原因
	走向	形状	面积/km²	幅值/nT	梯度			
M013	近东西走向	近椭圆状	136.5	27.5	平缓	重力高异常，幅值较高，梯度较陡	主要出露第四系、新近系、二叠纪花岗岩	位于北山构造区，推测为沉积岩中的磁性物质引起
M014	北东向	不规则	218.4	34.2	较缓	重力高异常，幅值较高，梯度较陡	主要出露第四系、新近系、古元古界兴地塔格群	位于北山构造区，推测为变质基底引起
M015	北东东向	不规则	536.9	75.9	较缓	重力高异常，幅值较低，梯度较缓	主要出露古元古界兴地塔格群、第四系、二叠系、石炭纪花岗岩	位于北山构造区，推测为变质基底引起
M016	不明显	不规则	136.5	29.4	平缓	总体显示为重力低异常，幅值较低，梯度较缓	主要出露第四系、青白口系、石炭纪花岗岩	位于北山构造区，推测为变质基底引起
M017	北东向	近椭圆状	78.2	13.2	平缓	总体显示为重力低异常，幅值低，梯度缓	主要出露寒武系、青白口系、第四系	位于北山构造区，推测为变质基底引起
M018	北东东向	近椭圆状	673.4	33.1	较缓	总体显示为重力低异常，幅值低，梯度缓	主要出露第四系、石炭纪花岗岩、钾长花岗岩、石炭系、二叠纪辉长岩、三叠纪二长花岗岩	位于北山构造区，推测为基性岩引起
M019	不明显	近等轴状	455.4	118.9	较陡	“北高南低”梯度带，梯度较缓	主要出露志留系、寒武系、新元古界青白口系、石炭纪花岗岩、第四系	位于北山构造区，推测为酸性岩引起
M020	北东向	近椭圆状	200.2	47.8	较缓	“南高北低”梯度带，梯度缓	主要出露泥盆纪闪长岩、橄榄岩、志留纪斜长花岗岩、第四系、青白口系、志留系	位于北山构造区，推测为基性－超基性岩引起

续表

编号	局部磁力高异常特征					局部重力异常特征	地表地质概况	推测原因
	走向	形状	面积/km^2	幅值/nT	梯度			
M021	不明显	不规则	774.4	50.3	较缓	“北高南低”梯度带，梯度较陡	主要出露第四系、寒武系、奥陶系、新近系、青白口系、石炭纪花岗岩、志留纪辉长岩、斜长花岗岩	位于北山构造区，推测为中酸性岩与变质基底共同引起
M022	北东东向	不规则	163.8	21.8	平缓	“南高北低”梯度带，梯度较缓	主要出露泥盆纪石英闪长岩、石炭纪花岗岩、三叠纪花岗岩、太古代敦煌杂岩	位于北山构造区，推测为酸性岩与变质基底共同引起
M023	近东西向	三角形状	65.5	22.1	平缓	重力高异常，幅值较低，梯度较缓	主要出露二叠系、石炭系	位于北山构造区，推测为沉积岩中磁性物质引起
M024	不明显	近等轴状	84.6	26.95	平缓	重力高异常，幅值较高，梯度较陡	主要出露青白口纪花岗岩、石炭纪闪长岩、志留纪花岗岩、长城系	位于红柳河断裂带，推测为酸性岩引起
M025	近东西向	近椭圆状	111.9	42.4	较缓	重力低异常，幅值低，梯度缓	主要出露青白口纪花岗岩、石炭纪闪长岩、钾长花岗岩	位于东大山构造带，推测为酸性岩引起
M026	北西向	近椭圆状	427.7	104.2	较陡	总体显示为重力高异常，幅值较低，梯度较缓	主要出露蓟县系、泥盆纪闪长岩、石炭纪花岗岩、钾长花岗岩、第四系、新近系	主要位于东天山构造带，推测为变质基底引起
M027	近东西向	不规则	837.2	158.8	较陡	总体显示为重力高异常，幅值较低，梯度较缓	主要出露志留系、泥盆系、石炭纪花岗岩、闪长岩、蓟县系	主要位于东天山构造带，推测主要为中性岩引起

续表

编号	局部磁力高异常特征					局部重力异常特征	地表地质概况	推测原因
	走向	形状	面积/km^2	幅值/nT	梯度			
M028	近东西向	花生状	582.4	122.3	较陡	总体显示为重力低异常，幅值较低，梯度较缓	主要出露泥盆系、石炭系、志留系、长城系、钾长花岗岩、辉长岩	位于东天山构造带，推测为酸性岩引起变质基底引起
M029	北西向	不规则	1274.7	54.9	较缓	重力异常复杂变化区，幅值较低，梯度较缓	主要出露第四系、志留系、泥盆系、石炭纪花岗岩、钾长花岗岩、闪长岩	位于东天山构造带，推测为变质基底引起
M030	东西向	条带状	3021.2	130.7	较陡	总体显示为重力低异常，幅值较高，梯度较陡	主要出露第四系、新近系、古近系、石炭系、泥盆系、石炭纪花岗岩、钾长花岗岩、侏罗系	位于东天山构造带，推测为变质基底引起
M031	北西西向	条带状	1092.5	92.5	较陡	南部为重力高异常，幅值较高，梯度较陡；北部为重力低异常，幅值较高，梯度较陡	主要出露第四系、泥盆系	主要位于东天山构造带，推测为变质基底引起
M032	不明显	不规则	227.5	36.5	较缓	总体显示为重力低异常，幅值较高，梯度较陡	主要出露第四系、志留系、泥盆纪钾长花岗岩	位于东天山构造带，推测为变质基底引起
M033	东西向	条带状	755.3	67.4	较缓	西部为重力低异常，幅值较高，梯度较陡；东部为重力高异常，幅值较高，梯度较陡	主要出露泥盆纪花岗岩、石炭纪花岗岩、第四系	位于东天山构造带，推测为酸性岩引起

续表

编号	局部磁力高异常特征					局部重力异常特征	地表地质概况	推测原因
	走向	形状	面积/km^2	幅值/nT	梯度			
M034	不明显	不规则	221.3	24.2	平缓	总体显示为重力低异常，幅值较高，梯度较陡	主要出露泥盆纪花岗岩、泥盆系、第四系	位于东天山构造带，推测为酸洗引起
M035	近东西向	条带状	991.9	55.6	较缓	总体显示为重力高异常，幅值较低，梯度较缓	主要出露泥盆纪花岗岩、斜长花岗岩、志留系、石炭系、石炭纪花岗岩	位于东天山构造带，推测为酸性岩引起
M036	不明显	不规则	174.7	26.5	平缓	“南高北低”梯度带，梯度较缓	主要出露长城系、泥盆纪斜长花岗岩	位于雅满苏断裂带，推测为变质基底引起
M037	不明显	不规则	291.2	30.4	较缓	“南高北低”梯度带，梯度较陡	主要出露泥盆纪斜长花岗岩、奥陶系、石炭系	位于雅满苏断裂带，推测为变质基底引起
M038	东西向	不规则	391.3	134.2	较陡	“南高北低”梯度带，梯度较陡	主要出露第四系、石炭纪辉长岩、志留纪花岗岩、泥盆纪辉长岩、奥陶系	位于雅满苏断裂带，推测主要为基性岩引起
M039	近东西向	条带状	319.4	225.7	陡	“北高南低”梯度带，梯度较陡	主要出露长城系、泥盆纪斜长花岗岩志留纪花岗岩、泥盆系	位于雅满苏断裂带，推测为酸性岩引起
M040	东西向	不规则	1956.5	93.5	较陡	西部为重力低异常，幅值较低，梯度较缓；东部为重力高异常，幅值较低，梯度较缓	主要出露长城系、石炭系、石炭纪花岗岩、钾长花岗岩、三叠纪花岗岩、第四系	主要位于觉罗塔格褶皱带，推测为变质基底引起

续表

编号	局部磁力高异常特征					局部重力异常特征	地表地质概况	推测原因
	走向	形状	面积/km^2	幅值/nT	梯度			
M041	东西向	条带状	2957.5	248.4	陡	重力异常复杂变化区，幅值较低，梯度较缓	主要出露石炭系、石炭纪钾长花岗岩、花岗岩、长城系	位于雅满苏断裂带，推测主要为酸性岩引起
M042	近东西向	不规则	809.9	119.5	较陡	东部为重力高，西部为重力低，梯度较缓	主要出露石炭纪花岗岩、中元古界长城系、石炭系、第四系、石炭纪闪长岩	位于雅满苏断裂带，推测为酸性岩引起
M043	近东西向	不规则	791.7	118.1	较陡	总体显示为重力高异常，幅值较高，梯度较陡	主要出露石炭系、二叠系、新近系、古近系、长城系、石炭纪花岗岩、闪长岩	位于雅满苏断裂带，推测为变质基底引起
M044	近东西向	不规则	1437.8	78.2	较缓	重力异常复杂变化区，幅值较低，梯度较缓	主要出露石炭系、新近系、古近系、二叠系、二叠纪二长花岗岩、石炭纪闪长岩	位于雅满苏断裂带，推测主要为变质基底引起，西北角为酸性岩引起
M045	北东东向	条带状	1576.3	129.9	较陡	重力异常复杂变化区，幅值较低，梯度较缓	主要出露新生界、石炭系，中部分布有二叠纪钾长花岗岩、石炭纪花岗岩	位于雅满苏断裂带，推测为酸性岩引起
M046	北西西向	近椭圆状	647.9	114.3	较陡	中部为重力低异常，幅值较高，梯度较陡；北部极南部为重力高异常，幅值较高，梯度较陡	主要出露石炭系、二叠系、第四系、石炭纪花岗岩、辉长岩、钾长花岗岩	位于觉罗塔格褶皱带，推测为中酸性岩引起

续表

编号	局部磁力高异常特征					局部重力异常特征	地表地质概况	推测原因
	走向	形状	面积/ km^2	幅值/ nT	梯度			
M047	北东东向	条带状	665.2	136.9	较陡	重力高异常，幅值高，梯度陡	主要出露第四系、石炭系、新近系、古近系、石炭纪花岗岩、闪长岩	位于觉罗塔格褶皱带，推测为中酸性岩引起
M048	东西向	条带状	1701.7	287.2	极陡	总体显示为条带状重力低异常，幅值高，梯度陡	主要出露第四系、新近系、古近系、泥盆系、石炭纪闪长岩、石炭纪钾长花岗岩	位于觉罗塔格褶皱带，推测为中酸性岩引起
M049	近东西向	条带状	728.2	218.6	极陡	重力高异常，幅值高，梯度较陡	主要出露第四系、侏罗系、石炭系、石炭纪花岗岩、石炭纪闪长岩	位于觉罗塔格褶皱带，推测为中酸性岩引起
M050	近东西向	条带状	21.8.4	259.8	陡	重力高异常，幅值高，梯度较陡	主要出露石炭纪花岗岩、石炭纪闪长岩、泥盆系	位于觉罗塔格褶皱带，推测为中酸性岩引起
M051	近东西向	不规则	1164.8	247.1	陡	东部为重力高异常，幅值高，梯度陡；西部为重力低异常，幅值高，梯度陡	主要出露第四系、新近系、泥盆系、石炭纪花岗岩、钾长花岗岩	位于觉罗塔格褶皱带，推测为变质基底引起
M052	近东西向	不规则	1519.7	304.2	极陡	总体显示为重力高异常，幅值高，梯度陡	主要出露第四系、新近系、古近系、奥陶系、志留系、泥盆纪花岗岩	位于觉罗塔格褶皱带，推测主要为中酸性岩引起
M053	近东西向	条带状	1536.4	347.2	极陡	总体显示为重力高异常，幅值高，梯度陡	主要出露第四系、二叠系、新近系、石炭纪钾长花岗岩、泥盆纪花岗岩	位于觉罗塔格褶皱带，推测为变质基底引起

续表

编号	局部磁力高异常特征					局部重力异常特征	地表地质概况	推测原因
	走向	形状	面积/km^2	幅值/nT	梯度			
M054	不明显	近等轴状	172.3	76.1	较缓	重力高异常，幅值较低，梯度较缓	主要出露石炭系、第四系	位于觉罗塔格褶皱带，推测为沉积岩中磁性物质引起
M055	近东西向	不规则	1128.4	339.2	陡	重力高异常，幅值较高，梯度较陡	主要出露石炭系第四系、石炭纪钾长花岗岩、花岗岩	位于觉罗塔格褶皱带，推测主要为沉积岩中的磁性物质引起，东部小面积为中性岩引起
M056	不明显	不规则	436.8	67.8	较缓	“南高北低”梯度带，梯度较缓	主要出露石炭系、石炭纪花岗岩、三叠系、二叠纪花岗岩	位于觉罗塔格褶皱带，推测为酸性岩引起
M057	近东西向	条带状	391.3	120.1	较陡	两端重力高异常，中间重力低异常，幅值较高，梯度较陡	主要出露石炭系、侏罗系	位于觉罗塔格褶皱带，推测为酸性岩引起
M058	近南北向	条带状	546.4	81.3	较陡	南部为重力高异常，幅值较高，梯度较陡；北部为重力低异常，幅值较高，梯度较陡	主要出露第四系、石炭系、泥盆系	主要位于觉罗塔格褶皱带，推测为沉积岩中磁性物质引起
M059	近东西向	不规则	336.7	49.7	较缓	重力低异常，幅值较高，梯度较陡	主要出露第四系	位于吐哈盆地，推测为沉积岩中磁性物质引起
M060	北东向	条带状	609.7	190.2	陡	“北高南低”梯度带，梯度较陡	主要出露第四系、石炭系、新近系	位于吐哈盆地，推测主要为酸性岩引起

续表

编号	局部磁力高异常特征					局部重力异常特征	地表地质概况	推测原因
	走向	形状	面积/km^2	幅值/nT	梯度			
M061	东西向	条带状	1183.6	74.8	较缓	重力低异常，幅值较高，梯度较陡	主要出露石炭系、三叠系、侏罗系、第四系	位于吐哈盆地，推测为酸性岩引起
M062	北东东向	瓜子状	1547.2	90.1	较陡	“北高南低”梯度带，梯度缓	主要出露第四系	位于吐哈盆地，推测为沉积岩中磁性物质引起
M063	近东西向	条带状	364.4	100.2	较陡	重力低异常，幅值较低，梯度较缓	主要出露第四系、新近系、古近系	位于吐哈盆地，推测为沉积岩中磁性物质引起
M064	北东向	不规则	245.7	47.8	较缓	重力低异常，幅值较低，梯度较缓	主要出露第四系、侏罗系、新近系、古近系	位于吐哈盆地，推测为沉积岩中磁性物质引起
M065	北西西向	不规则	1647.2	199.7	较陡	总体显示为重力低异常，幅值较低，梯度较缓	主要出露第四系、石炭系	主要位于吐哈盆地，推测主要为沉积岩中磁性物质引起，南部小面积为中性岩引起
M066	北西向	不规则	691.6	220.6	陡	重力异常复杂变化区，幅值低，梯度缓	主要出露第四系	位于吐哈盆地，推测为沉积岩中磁性物质引起
M067	北东向	条带状	382.5	46.6	较缓	重力低异常，幅值较低，梯度较缓	主要出露第四系、新近系、古近系、白垩系、侏罗系	位于吐哈盆地，推测为沉积岩中磁性物质引起

续表

编号	局部磁力高异常特征					局部重力异常特征	地表地质概况	推测原因
	走向	形状	面积/km^2	幅值/nT	梯度			
M068	近东西向	条带状	1246.7	93.3	较陡	重力低异常，幅值较高，梯度较陡	主要出露第四系、新近系、古近系	位于吐哈盆地，推测为沉积岩中磁性物质引起
M069	北东东向	花生状	389.4	110.6	较陡	总体显示为重力高异常，幅值低，梯度缓	主要出露第四系、新近系、古近系、白垩系、侏罗系、三叠系	位于吐哈盆地，推测为沉积岩中磁性物质引起
M070	北西向	不规则	333.4	77.3	较陡	总体显示为重力高异常，幅值较低，梯度较缓	主要出露第四系	主要位于吐哈盆地，推测为沉积岩中磁性物质引起
M071	东西向	不规则	631.5	268.9	极陡	重力高异常，幅值高，梯度陡	主要出露古近系、新近系、第四系	主要位于觉罗塔格褶皱带，推测为中酸性岩引起
M072	东西向	条带状	746.2	393.5	极陡	重力高异常，幅值高，梯度陡	主要出露泥盆系、志留系、三叠系、古近系、新近系、第四系、石炭纪闪长岩	位于觉罗塔格褶皱带，推测为中酸性岩引起
M073	近东西向	不规则	227.5	240.8	陡	总体显示为重力高异常，幅值较高，梯度较陡	主要出露第四系、新近系、古近系	位于康古尔塔格断裂带，推测为酸性岩引起
M074	近东西向	不规则	131.6	219.6	陡	重力低异常，幅值较低，梯度较缓	主要出露第四系、新近系、古近系	位于康古尔塔格断裂带，推测为酸性岩引起
M075	不明显	不规则	223.8	226.2	陡	总体显示为重力高异常，幅值低，梯度缓	主要出露第四系、新近系、古近系	位于吐哈盆地，推测为酸性岩引起

续表

编号	局部磁力高异常特征					局部重力异常特征	地表地质概况	推测原因
	走向	形状	面积/km²	幅值/nT	梯度			
M076	北东向	不规则	194.7	228.4	陡	“东高西低”梯度带，梯度较缓	主要出露第四系、新近系、古近系、侏罗系	位于吐哈盆地，推测为酸性岩引起
M077	北东向	不规则	546.2	176.3	较陡	重力低异常，幅值较高，梯度较陡	主要出露第四系、新近系、古近系、侏罗系	位于吐哈盆地，推测为沉积岩中磁性物质引起
M078	北西向	不规则	1128.4	148.4	较陡	重力异常幅值变化区，幅值较低，梯度较缓	主要出露第四系、新近系、古近系、侏罗系	位于吐哈盆地，推测为沉积岩中磁性物质引起
M079	东西向	子弹头状	101.1	128.5	较陡	“南高北低”梯度带，梯度较陡	主要出露新近系、古近系	位于康古尔塔格断裂带，推测为酸性岩引起
M080	不明显	近等轴状	127.4	36.7	较缓	总体显示为重力低异常，幅值较低，梯度较缓	主要出露新近系、古近系	位于吐哈盆地，推测为沉积岩中磁性物质引起
M081	不明显	不规则	1192.1	179.2	陡	北部为重力低异常，幅值较高，梯度较陡；南部为重力高异常，幅值较高，梯度较陡	主要出露新近系、古近系	位于吐哈盆地，推测为酸性岩引起
M082	近东西向	近椭圆状	161.9	73.3	较缓	重力低异常，幅值较低，梯度较缓	主要出露第四系、新近系、古近系	位于吐哈盆地，推测为酸性岩引起
M083	北东东向	近椭圆状	141.1	54.9	较陡	重力低异常，幅值较高，梯度较陡	主要出露第四系、古近系	位于吐哈盆地，推测为酸性岩引起

续表

编号	局部磁力高异常特征					局部重力异常特征	地表地质概况	推测原因
	走向	形状	面积/km²	幅值/nT	梯度			
M084	不明显	不规则	1101.1	133.6	较陡	总体显示为重力低异常，幅值低，梯度缓	主要出露第四系、古近系	位于吐哈盆地，推测主要为沉积岩中磁性物质引起，东部为酸性岩引起
M085	不明显	近等轴状	87.3	21.1	平缓	重力低异常，幅值低，梯度缓	主要出露第四系	位于吐哈盆地，推测为沉积岩中磁性物质引起
M086	近东西向	不规则	91.1	67.1	较缓	重力低异常，幅值较高，梯度较陡	主要出露第四系、石炭纪花岗岩	位于吐哈盆地，推测为酸性岩引起
M087	不明显	不规则	709.8	174.3	较陡	重力低异常，幅值低，梯度缓	主要出露第四系、新近系、古近系、泥盆系、石炭纪花岗岩	位于吐哈盆地，推测主要为酸性岩引起
M088	北东东向	条带状	509.6	296.1	极陡	总体显示为重力高异常，幅值较高，梯度较陡	主要出露第四系	位于吐哈盆地，推测为酸性岩引起
M089	北东向	不规则	357.6	190.2	陡	东部为重力高异常，幅值低，梯度缓；西部为重力低异常，幅值较低，梯度较缓	主要出露第四系	位于吐哈盆地，推测为酸性岩引起
M090	北西西向	条带状	1064.7	128.4	较陡	重力高异常，幅值较高，梯度较陡	主要出露第四系、石炭纪斜长花岗岩、石炭纪闪长岩、石炭系	位于吐哈盆地、觉罗塔格褶皱带、博格达－哈尔里克褶皱带结合部位，推测为中酸性岩引起

续表

编号	局部磁力高异常特征					局部重力异常特征	地表地质概况	推测原因
	走向	形状	面积/km^2	幅值/nT	梯度			
M091	北西西向	条带状	318.5	28.3	平缓	重力高异常，幅值较高，梯度较陡	主要出露石炭系、泥盆系、石炭纪花岗岩	位于博格达-哈尔里克褶皱带，推测为变质基底引起
M092	北西西向	不规则	112.8	28.4	平缓	重力低异常，幅值较高，梯度较陡	主要出露第四系、石炭纪钾长花岗岩、石炭系	位于博格达-哈尔里克褶皱带，推测为酸性岩引起
M093	北西西向	条带状	1011.1	53.6	较缓	中部为重力高异常，幅值较高，梯度较陡；两端为重力低异常，幅值低，梯度缓	主要出露石炭纪花岗岩、闪长岩、志留纪花岗岩、奥陶系、泥盆系、石炭系、第四系	位于博格达-哈尔里克褶皱带，推测主要为中酸性岩引起
M094	北西西向	花生状	327.6	71.1	较缓	重力高异常，幅值较高，梯度较陡	主要出露奥陶系、石炭纪花岗岩、石炭纪闪长岩、泥盆系	位于博格达-哈尔里克褶皱带，推测为酸性岩引起
M095	不明显	近等轴状	154.7	136.6	较陡	重力高异常，幅值较高，梯度较缓	主要出露石炭纪花岗岩、泥盆系	位于博格达-哈尔里克褶皱带，推测为酸性岩引起
M096	北西西向	不规则	819.2	116.9	较陡	总体显示为重力高异常，幅值较高，梯度较陡	北部主要出露第四系及石炭系，南部主要出露石炭纪花岗岩、泥盆系	位于博格达-哈尔里克褶皱带，推测为酸性岩引起
M097	北西西向	不规则	1401.4	108.4	较陡	总体显示为重力低异常，幅值较低，梯度较缓	主要出露第四系、奥陶系、侏罗系、石炭系、石炭纪钾长花岗岩	主要位于博格达-哈尔里克褶皱带，推测为变质基底引起

续表

编号	局部磁力高异常特征					局部重力异常特征	地表地质概况	推测原因
	走向	形状	面积/km^2	幅值/nT	梯度			
M098	北西西向	不规则	445.9	43.6	较缓	总体显示为重力高异常，幅值较低，梯度较缓	主要出露泥盆系、二叠纪二长花岗岩、石炭系	主要位于博格达－哈尔里克褶皱带，推测为酸性岩引起
M099	北西西向	条带状	582.4	117.5	较陡	总体显示为重力高异常，幅值较高，梯度较陡	主要出露石炭系、二叠纪花岗岩、泥盆系、奥陶系	主要位于博格达－哈尔里克褶皱带，推测为变质基底引起
M100	北西西向	条带状	755.3	127.8	较陡	重力高异常，幅值较高，梯度较陡	主要出露石炭系、第四系、石炭纪钾长花岗岩	位于博格达－哈尔里克褶皱带、东准噶尔－南蒙古褶皱带、准噶尔盆地结合部位，推测为酸性岩引起
M101	近东西向	条带状	263.9	63.9	较缓	重力高异常，幅值较高，梯度较陡	主要出露奥陶系、石炭纪钾长花岗岩	位于博格达－哈尔里克褶皱带，推测西部为变质基底引起，东部为酸性岩引起
M102	近东西向	条带状	509.6	44.9	较缓	中部为重力高异常，幅值较高，梯度较陡；两端为重力低异常，幅值低，梯度缓	主要出露二叠系、石炭系、二叠纪花岗岩、三叠纪花岗岩	位于博格达－哈尔里克褶皱带，推测为变质基底引起
M103	北东东向	不规则	88.2	20.3	平缓	重力低异常，幅值低，梯度缓	主要出露二叠系、石炭系	位于博格达－哈尔里克褶皱带，推测为沉积岩中磁性物质引起

续表

编号	局部磁力高异常特征					局部重力异常特征	地表地质概况	推测原因
	走向	形状	面积/km^2	幅值/nT	梯度			
M104	北西西向	不规则	318.5	38.4	较缓	重力高异常，幅值较高，梯度较陡	主要出露石炭系、第四系、二叠系	位于博格达南缘断裂带，推测为酸性岩引起
M105	近东西向	不规则	518.7	71.5	较缓	“北高南低”梯度带，梯度较陡	主要出露石炭系、第四系	位于博格达南缘断裂带，推测为沉积岩中磁性物质引起
M106	近东西向	瓜子状	163.8	87.5	较陡	重力高异常，幅值较高，梯度较陡	主要出露石炭系	位于博格达-哈尔里克褶皱带，推测为沉积岩中磁性物质引起
M107	近东西向	不规则	1756.4	263.5	陡	总体显示为重力高异常，幅值较高，梯度较陡	主要出露石炭系、三叠系、二叠系、侏罗系、石炭纪闪长岩、石英闪长岩	主要位于博格达-哈尔里克褶皱带，推测西端酸性岩、基性岩引起，东部为中性岩引起
M108	东西向	条带状	89.7	35.4	较缓	重力高异常，幅值较高，梯度较陡	主要出露石炭系	位于博格达-哈尔里克褶皱带，推测为沉积岩中磁性物质引起
M109	近北西向	近椭圆状	82.4	20.6	平缓	重力高异常，幅值较高，梯度较陡	主要出露石炭系	位于博格达-哈尔里克褶皱带，推测为沉积岩中磁性物质引起
M110	不明显	不规则	618.8	328.7	极陡	“两高夹一低”特征，幅值较低，梯度较缓	主要出露石炭系、石炭纪辉绿玢岩	位于博格达-哈尔里克褶皱带，推测为基性岩引起

续表

编号	局部磁力高异常特征					局部重力异常特征	地表地质概况	推测原因
	走向	形状	面积/km^2	幅值/nT	梯度			
M111	近东西向	不规则	530.5	168.7	较陡	中部为重力高异常，幅值较高，梯度较陡；两端为重力低异常，幅值低，梯度缓	主要出露石炭系、二叠系、石炭纪钾长花岗岩	位于博格达－哈尔里克褶皱带，推测为酸性岩引起
M112	近北西向	条带状	2320.5	208.7	陡	重力高异常，幅值极高，梯度较陡	主要出露石炭系、石炭纪辉绿玢岩、第四系	位于博格达－哈尔里克褶皱带，推测为基性岩引起
M113	近东西向	条带状	982.8	59.1	较缓	“两高夹一低”特征，幅值较低，梯度较缓	主要出露第四系、石炭系、侏罗系、新近系	位于博格达－哈尔里克褶皱带，推测为沉积岩中磁性物质引起
M114	近东西向	不规则	546.2	58.7	较缓	重力低异常，幅值较高，梯度较陡	主要出露第四系、侏罗系、白垩系、新近系	位于博格达－哈尔里克褶皱带，推测为酸性岩引起
M115	北东向	花生状	27.7	111.7	较陡	“北高南低”梯度带，梯度较陡	主要出露第四系、二叠系、新近系、石炭纪花岗岩	位于博格达南缘断裂带，推测东部为沉积岩中磁性物质引起，西部为酸性岩引起
M116	北西向	近椭圆状	13.4	82.5	较陡	“西高东低”梯度带，梯度较陡	主要出露石炭系、二叠系、三叠系、侏罗系	位于博格达南缘断裂带，推测为沉积岩中磁性物质引起
M117	不明显	不规则	436.8	20.9	平缓	总体显示为重力低异常，幅值低，梯度缓	主要出露石炭系、第四系、侏罗系、三叠系、二叠系	主要位于博格达－哈尔里克褶皱带，推测为沉积岩中磁性物质引起

续表

编号	局部磁力高异常特征					局部重力异常特征	地表地质概况	推测原因
	走向	形状	面积/km^2	幅值/nT	梯度			
M118	东西向	近椭圆状	19.1	26.2	平缓	重力低异常，幅值较高，梯度较陡	主要出露第四系、侏罗系	位于准噶尔盆地带，推测为沉积岩中磁性物质引起
M119	不明显	不规则	17.2	20.1	平缓	重力高异常，幅值低，梯度缓	主要出露第四系	位于准噶尔盆地带，推测为沉积岩中磁性物质引起
M120	北东东向	不规则	400.4	83.4	较陡	西部为重力低异常，幅值低，梯度缓；东部为重力高异常，幅值较低，梯度较缓	主要出露第四系	位于准噶尔盆地带，推测为沉积岩中磁性物质引起
M121	近东西向	条带状	908.1	68.6	较缓	重力低异常，幅值较低，梯度较缓	主要出露第四系、新近系、二叠系	位于准噶尔盆地带，推测为沉积岩中磁性物质引起
M122	北西向	不规则	414.9	47.5	较缓	“两高夹一低”特征，幅值低，梯度缓	主要出露第四系	位于准噶尔盆地带，推测为沉积岩中磁性物质引起
M123	近东西向	不规则	600.6	86.3	较陡	东部为重力低异常，幅值较低，梯度较缓；西部为重力高异常，幅值较高，梯度较陡	主要出露第四系	位于准噶尔盆地带，推测为沉积岩中磁性物质引起
M124	北东向	近椭圆状	127.4	57.6	较缓	重力高异常，幅值较高，梯度较陡	主要出露第四系	位于准噶尔盆地带，推测为沉积岩中磁性物质引起

续表

编号	局部磁力高异常特征					局部重力异常特征	地表地质概况	推测原因
	走向	形状	面积/km^2	幅值/nT	梯度			
M125	北东向	不规则	400.4	141.6	较陡	总体显示为重力高异常，幅值较高，梯度较陡	主要出露第四系	位于准噶尔盆地带，推测为沉积岩中磁性物质引起
M126	不明显	不规则	127.4	76.8	较缓	总体显示为重力高异常，幅值低，梯度缓	主要出露第四系	位于准噶尔盆地带，推测为沉积岩中磁性物质引起
M127	近东西向	不规则	104.5	102.3	较陡	重力高异常，幅值较高，梯度较陡	主要出露第四系	位于准噶尔盆地带，推测为沉积岩中磁性物质引起
M128	近北西向	不规则	445.9	123.6	较陡	“南高北低”梯度带，梯度较陡	主要出露第四系	位于准噶尔盆地带，推测为沉积岩中磁性物质引起
M129	北东向	条带状	336.7	132.5	较陡	“东高西低”梯度带，梯度较陡	主要出露第四系	位于准噶尔盆地带，推测主要为酸性岩引起
M130	北东向	不规则	591.5	290.3	陡	总体显示为重力高异常，幅值较高，梯度较陡	主要出露第四系	位于准噶尔盆地带，推测为酸性岩引起
M131	北东向	不规则	385.8	181.8	陡	重力高异常，幅值较高，梯度较陡	主要出露第四系、新近系、侏罗系、石炭系	位于准噶尔盆地带，推测为酸性岩引起
M132	东西向	近椭圆状	57.2	36.3	较缓	重力低异常，幅值较低，梯度较缓	主要出露第四系	位于准噶尔盆地带，推测为沉积岩中磁性物质引起

续表

编号	局部磁力高异常特征					局部重力异常特征	地表地质概况	推测原因
	走向	形状	面积/km^2	幅值/nT	梯度			
M133	北东向	不规则	336.7	53.8	较缓	重力低异常，幅值较低，梯度较缓	主要出露第四系	位于准噶尔盆地带，推测为沉积岩中磁性物质引起
M0134	北西西向	不规则	429.5	57.6	较缓	总体显示为重力低异常，幅值较低，梯度较缓	主要出露第四系	位于准噶尔盆地带，推测为沉积岩中磁性物质引起
M0135	近东西向	不规则	784.4	184.2	陡	总体显示为重力高异常，幅值较高，梯度较陡	主要出露第四系	位于准噶尔盆地带，推测为沉积岩中磁性物质引起主要为酸性岩引起
M0136	北西西向	不规则	600.6	93.5	较陡	重力低异常，幅值较低，梯度较缓	主要出露第四系	位于准噶尔盆地带，推测为沉积岩中磁性物质引起
M0137	不明显	不规则	1055.6	90.2	较陡	重力低异常，幅值较高，梯度较陡	主要出露二叠系、第四系、石炭系	主要位于准噶尔盆地带，推测为沉积岩中磁性物质引起
M0138	北西西向	不规则	946.4	82.3	较陡	重力异常复杂变化区，幅值低，梯度缓	主要出露泥盆系、石炭系、志留系、石炭纪花岗闪长岩	位于东准噶尔－南蒙古褶皱带，推测为变质基底引起
M139	不明显	不规则	200.2	65.6	较缓	“东高西低”梯度带，梯度较陡	主要出露石炭系、第四系	位于东准噶尔－南蒙古褶皱带，推测为变质基底引起

续表

编号	局部磁力高异常特征					局部重力异常特征	地表地质概况	推测原因
	走向	形状	面积/km^2	幅值/nT	梯度			
M140	北西向	不规则	564.2	91.8	较陡	“西高东低”梯度带，梯度较陡	主要出露石炭系、二叠系、侏罗系、第四系	位于东准噶尔–南蒙古褶皱带，推测为变质基底引起
M141	北西向	不规则	1082.9	85.2	较陡	“西高东低”梯度带，梯度较陡	主要出露第四系、白垩系	位于东准噶尔–南蒙古褶皱带，推测为沉积岩中磁性物质引起
M142	北西向	条带状	15.2	20.3	平缓	重力高异常，幅值较高，梯度较缓	主要出露石炭系、石炭纪闪长岩	位于东准噶尔–南蒙古褶皱带，推测为酸性岩引起
M143	北西西向	不规则	618.8	67.2	较缓	“西高东低”梯度带，梯度缓	出露地层：第四系、白垩系、新近系、侏罗系	位于东准噶尔–南蒙古褶皱带，推测为沉积岩中磁性物质引起
M144	近东西向	不规则	21.5	41.1	较缓	重力低异常，幅值较低，梯度较缓	主要出露古近系、新近系、第四系	位于东准噶尔–南蒙古褶皱带，推测为沉积岩中磁性物质引起

发育于该区的局部磁性构造(局部磁力高)主要由以下3个方面地质因素引起：

(1)由磁性火成岩引起。该区内这类异常较多，主要分布于博格达–哈尔里克褶皱带、觉罗塔格褶皱带、吐哈盆地、准噶尔盆地、塔里木北缘活动带内。异常多呈狭长条带状，梯度亦较陡。异常区地表出露元古界、古生界，并伴有古生代岩浆岩体，且地表地质图显示此类区域中大、小断裂非常发育。

(2)由沉积岩中磁性物质引起。这类异常主要发育在吐哈盆地、准噶尔盆地内，异常范围相对较大，幅度相对小，变化平缓，地表地质显示多为第四系覆盖，而在北天山褶皱带则多为古生界覆盖。

(3)由变质基底引起。这类异常广泛分布于塔里木北缘构造带、东天山构造带、觉罗塔格褶皱带、东准噶尔南蒙古褶皱带内，异常分布范围一般较大，幅值较低，虽有多个磁力高组成，但是这些磁力高一般并无同一走向。可能由于变质基底隆起进一步引起磁力高。

第三节　断裂构造特征

一、断裂构造划分

断裂活动使地质体的连续性遭到破坏，并导致不同密度或磁性地质体相接触，从而引起其两侧重力场及磁力场的异常变化。这种重力场及磁力场的异常变化特征，就是推断断裂的地球物理依据。

利用重力、磁力资料推测断裂的平面位置，即在不同数据处理方法计算获得重力、磁力基础图件的基础上，根据线状重磁异常带或异常梯度带，来确定断裂等线性构造展布。各种重力、磁力异常线性构造特征线往往是不同时期、不同性质、不同地质构造及其他因素在重力、磁力场上的综合反映。断裂构造在重磁力基础图件上及转换参数图件(延拓、各种滤波、不同方向梯度、欧拉反褶积、小波分析等)上一般具有以下标志(袁炳强和张春灌，2015)：

(1)走向明显的重力、磁力异常梯级带。

(2)狭长的带状异常。

(3)异常带的水平错位或平移。

(4)异常等值线的同向扭曲。

(5)重力场、磁力场发生明显变化的分界线。

(6)重力、磁力高与重力、磁力低之间的线性过渡带。

(7)线性排列的同号异常连线。

(8)走向明显的线性异常轴连线。

(9)线性异常的平移或错位。

(10)串珠状异常轴线。

二、断裂构造特征

根据断裂的规模以及其对地层沉积建造的控制作用，可以将断裂划分为主要断裂和一般断裂两类。主要断裂是指规模较大，构成区内不同构造单元的边界断裂或对局部构造起控制作用的断裂；一般断裂指断裂规模较小的断裂或主要断裂的派生断裂，其仅对局部构造发育起控制作用。

在利用重力场、磁力场各种图件进行断裂识别与分析基础上，结合该区的区域地质特征，认为该区能够反映断裂构造信息的重力异常主要图件为：布格重力异常图、局部重力异常图、重力垂向二阶导数异常图、重力异常 Theta 图、重力异常倾斜角 TATHDR、重力异常水平导数 NVDRTHDR。反映该区断裂构造信息的磁力异常主要图件为：磁力化极异常图、磁力垂向二阶导数异常图。

对上述这些主要图件反映的断裂构造信息进行分析，结合前人有关地质构造研究成果，可综合确定吐哈盆地及邻区的断裂构造体系（图 4－6），断裂推断依据主要如图 4－7～图 4－14 所示。

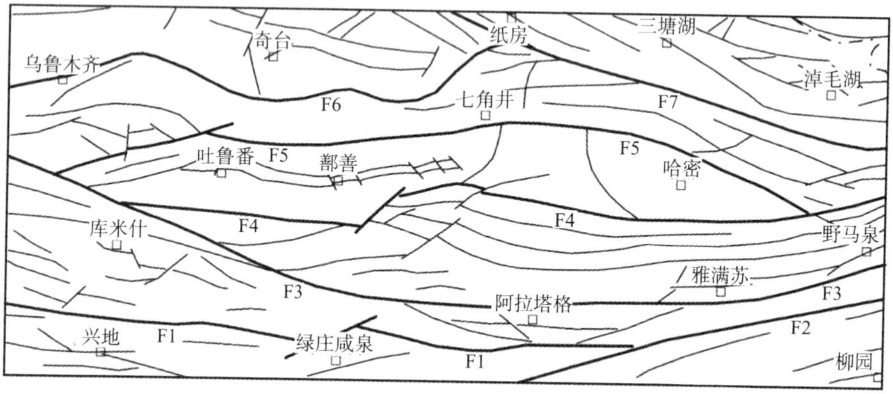

图 4－6　吐哈盆地及邻区断裂构造分布图

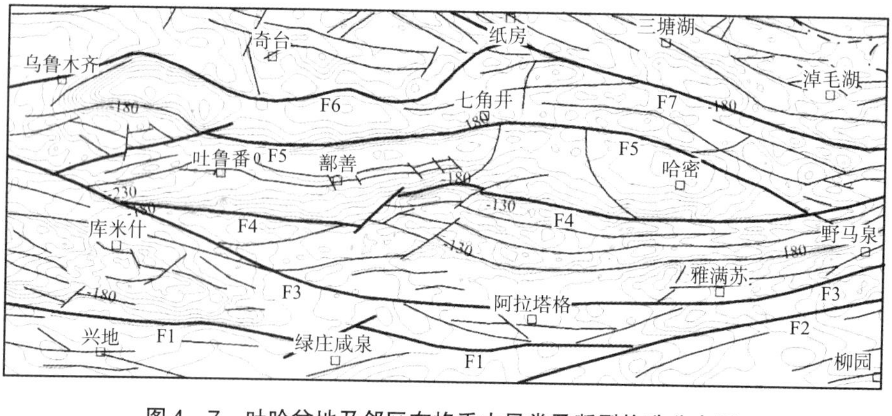

图 4－7　吐哈盆地及邻区布格重力异常及断裂构造分布图

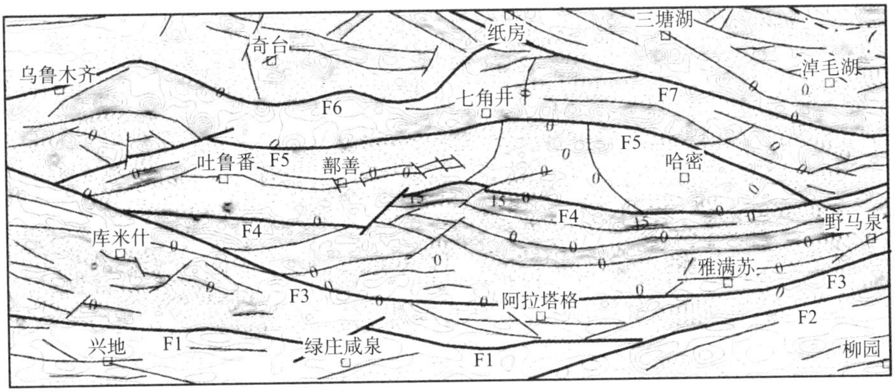

图 4－8　吐哈盆地及邻区局部重力异常及断裂构造分布图

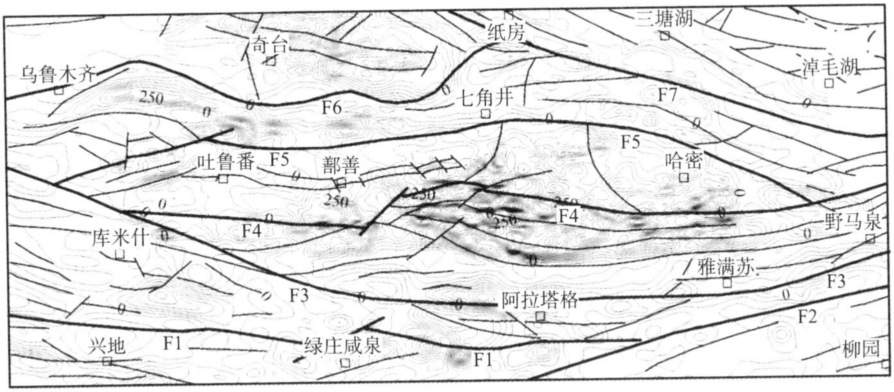

图 4－9　吐哈盆地及邻区磁力化极异常及断裂构造分布图

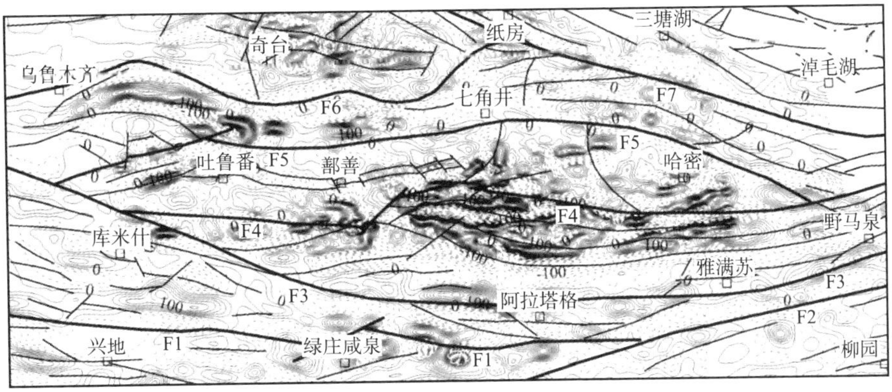

图 4－10　吐哈盆地及邻区局部磁力异常及断裂构造分布图

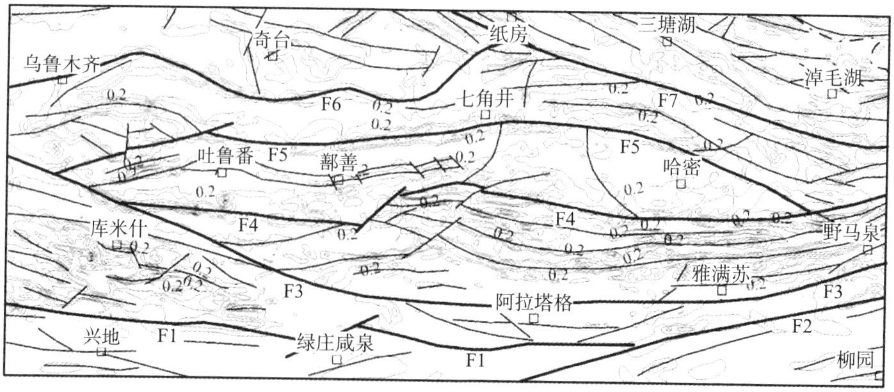

图4－11　吐哈盆地及邻区布格重力异常 Theta 图及断裂构造分布图

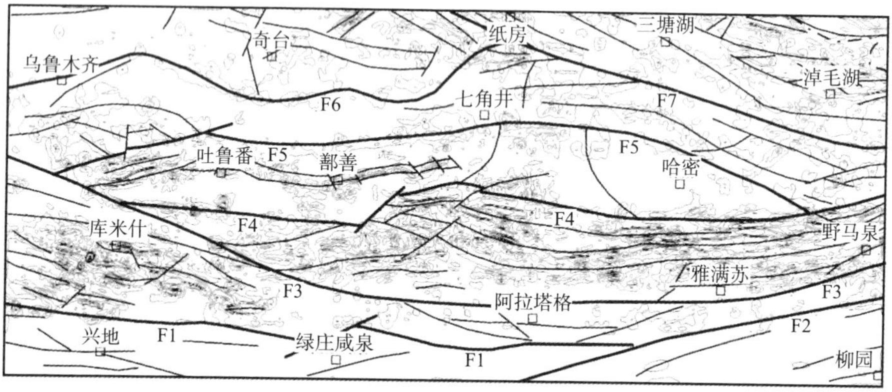

图4－12　吐哈盆地及邻区布格重力异常倾斜角 TATHDR 及断裂构造分布图

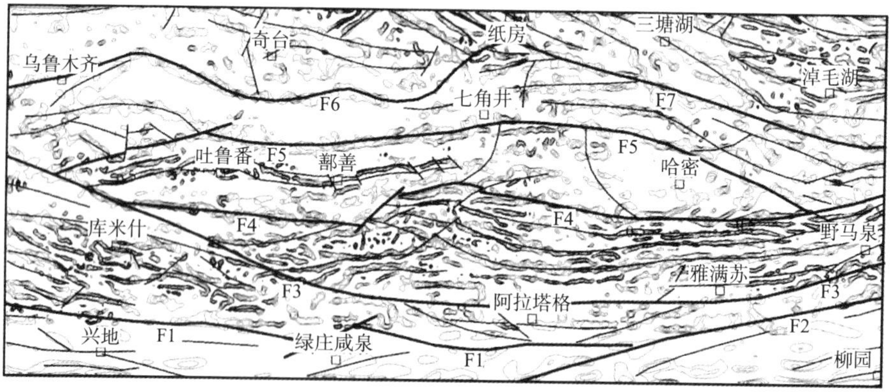

图4－13　吐哈盆地及邻区布格重力异常水平导数 NVDRTHDR 及断裂构造分布图

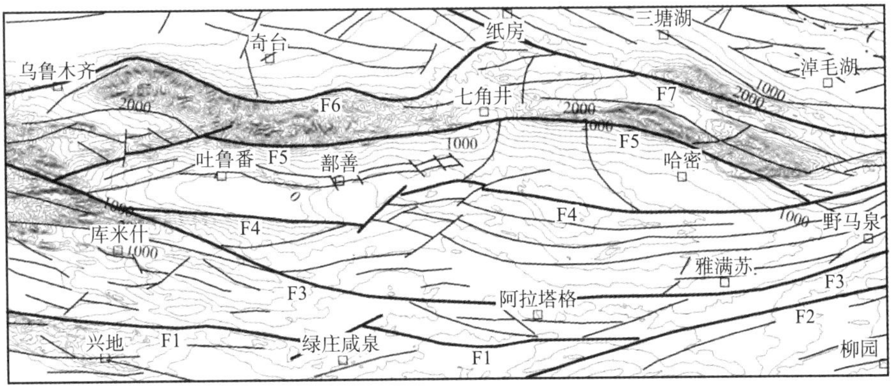

图4－14 吐哈盆地及邻区地形高程及断裂构造分布图

断裂构造分布特征表明，该区构造复杂、断裂发育，其内发育北东东向、北西西向及近东西向3组断裂。主要断裂规模大，延伸距离长，控制着该区各构造单元内地层的发育，为该区各构造单元的边界断裂。次级断裂规模相对小，为各构造单元内部的断裂，它们控制了各构造单元内局部凹陷（凸起），为次级构造单元边界断裂。

吐哈盆地及邻区断裂主要表现出3个特征：主要断裂呈北东东向、北西西向及近东西向展布，规模较大，延伸距离较长，为各构造单元的边界断裂；次级断裂亦主要呈北东东向、北西西向及近东西向展布，规模相对较小，延伸距离较短。该区共识别主要断裂7条（图4－9），分别为辛格尔断裂（F1）、红柳河断裂（F2）、雅满苏断裂（F3）、康古尔塔格断裂（F4）、博格达南缘断裂（F5）、博格达北缘断裂（F6）、克拉美丽断裂（F7）。

1. 辛格尔断裂（F1）

该断裂位于西南部，地表地质图有明显的显示，呈近东西走向，延伸约506km。该断裂大致在绿庄咸泉被北东东走向的断裂切断，分为东、西两段，断裂重力场及磁力场特征明显，西段北侧及东段南侧地表主要分布新生界，西段南侧及东段北侧地表主要为前寒武系露头。该断裂西段在布格重力异常图及磁力化极异常图上显示为非常显著的异常梯级带，局部重力异常、局部磁力异常、布格重力及磁力化极垂向二阶导数图上显示为异常高与异常低的过渡带，布格重力异常 Theta 图、布格重力异常倾斜角 TATHDR、布格重力异常水平导数 NVDRTHDR 图上总体显示为极值连线，地形高程上显示为梯度带。

该断裂东段重力异常图及地形高程上特征不甚明显，磁力化极异常、局部磁力异常、磁力化极二阶导数异常图上显示为极值连线。该断裂为规模较大的基底断裂，任纪舜、王有学等认为该断裂由南向北俯冲(任纪舜等，1999；王有学等，2004)，其控制了东天山构造带的边界。

2. 红柳河断裂(F2)

该断裂位于东南部，地表地质图有明显的显示，呈北东东走向，延伸约294km。该断裂西段重力场及东段磁力场特征明显，断裂南侧地表主要分布新生界，断裂北侧主要为前寒武系及酸性岩露头。该断裂西段布格重力异常图及地形高程上显示为异常梯级带，局部重力异常及布格重力垂向二阶导数图上显示为重力高与重力低的过渡带，布格重力异常 Theta 图、布格重力异常倾斜角 TATHDR、布格重力异常水平导数 NVDRTHDR 图上显示为极值连线，磁力异常图上特征不甚明显。该断裂东段磁力化极异常图上显示为异常梯级带，局部重力异常、局部磁力异常、布格重力及磁力化极垂向二阶导数图上显示为异常高与异常低的过渡带。该断裂规模较大，任纪舜等认为其左旋走滑断层(任纪舜等，1999)，控制了北山构造区的发育。

3. 雅满苏断裂(F3)

该断裂位于南部，地表地质图有明显的显示，呈北西西－近东西－北东东走向，延伸约731km。该断裂按走向可以分为北西西向的西段、近东西向的中段及北东东向的东段，西段重力场特征明显，而中段及东段磁力场特征明显。该断裂西段北侧地表主要分布新生界及上古生界、南侧地表主要分布酸性岩、下古生界及前寒武系，断裂中段北侧地表主要分布上古生界、新生界及酸性岩、南侧地表主要分布前寒武系及酸性岩，东段北侧主要分布新生界及上古生界，南侧主要分布酸性岩及前寒武系。该断裂西段布格重力异常图及地形高程上显示为异常梯级带，局部重力异常及布格重力垂向二阶导数图上显示为重力高与重力低的过渡带，布格重力异常 Theta 图、布格重力异常倾斜角 TATHDR、布格重力异常水平导数 NVDRTHDR 图上显示为极值连线，磁力异常图上特征不甚明显。该断裂中段、东段磁力化极异常、局部磁力异常、磁力化极垂向二阶导数异常图上显示为串珠状磁异常带，地形高程上显示为梯级带，重力异常图上特征不甚明显。该断裂规模大，为基底断裂，赵文智、陈蟒蛟、李锦轶等认为其由南向北俯冲，其控制了东天山构造带的发育。

4. 康古尔塔格断裂(F4)

该断裂位于中部，地表地质图上东段有明显的显示，西段则主要基于重磁异常推断，呈近东西走向，延伸约618km。该断裂重力场及磁力场特征明显，断裂西段北侧地表主要分布新生界，南侧地表主要分布上古生界；断裂中段地表主要分布新生界；断裂东段地表主要分布上古生界及酸性岩。该断裂西段布格重力异常、磁力化极异常及地形高程上显示为异常梯级带，局部重力异常、局部磁力异常、布格重力及磁力化极垂向二阶导数图上显示为异常高与异常低的过渡带，布格重力水平总梯度图上显示为极值连线。该断裂中段布格重力异常图上显示为异常梯级带，布格重力垂向二阶导数图上显示为重力高与重力低的过渡带，布格重力异常 Theta 图、布格重力异常倾斜角 TATHDR、布格重力异常水平导数 NVDRTHDR 图上显示为极值连线，磁力化极异常、磁力化极垂向二阶导数异常图上显示为串珠状磁异常带，地形高程上特征不甚明显。该断裂东段局部重力异常及布格重力垂向二阶导数异常图上显示为重力高与重力低的过渡带，地形高程上显示为地形走向变化带。该断裂规模大，为基底断裂，张恺经研究认为其由北向南俯冲，控制了吐哈盆地的南界。

5. 博格达南缘断裂(F5)

该断裂位于中部，地表地质图上西段有明显的显示，东端则主要基于重磁异常推断，呈近东西－北西西走向，延伸约657km。该断裂重力场及磁力场特征明显，断裂北侧地表主要分布上古生界、南侧地表主要分布新生界，断裂东端地表主要分布酸性岩。该断裂布格重力异常、磁力化极异常及地形高程上显示为异常梯级带，局部重力异常、局部磁力异常、布格重力及磁力化极垂向二阶导数图上显示为异常高与异常低的过渡带，布格重力及磁力化极水平总梯度图上显示为极值连线。该断裂西端地形高程上显示为梯级带，布格重力异常 Theta 图、布格重力异常倾斜角 TATHDR、布格重力异常水平导数 NVDRTHDR 图上显示为极值连线。该断裂规模大，为基底断裂，赵文智等、张恺、任纪舜等认为其由南向北俯冲，控制了吐哈盆地的北界。

6. 博格达北缘断裂(F6)

该断裂位于中西部，地表地质图上有明显的显示，呈北东东－北西西－北东东－北西西－北东走向，延伸约431km。该断裂走向变化复杂，按走向可分为5段。该断裂重力场及磁力场特征明显，断裂北侧地表主要分布新生界、南侧地表主要分布上古生界。该断裂布格重力异常、磁力化极异常及地形高程上显示为异常梯级带，局部重力异常、局部磁力异常、布格重力及磁力化极垂向二阶导数图上显示为异常高与异常低的过渡带，布格重力异常 Theta 图、布格重力异常倾斜角 TATHDR、布格重力异常水平导数 NVDRTHDR 图上显示为极值连线。该断裂规模大，为基底断裂，赵文智等、张恺、任纪舜等认为其由北向南俯冲，控制了准噶尔盆地的南界。

7. 克拉美丽断裂(F7)

该断裂位于东北部，地表地质图上东段有明显的显示，呈北西西走向，延伸约 366km。该断裂重力场特征较为明显，磁力场较为平静，地表主要出露上古生界及新生界。该断裂布格重力异常图上总体表现为梯级带，局部重力异常、局部磁力异常、布格重力及磁力化极垂向二阶导数图上显示为异常高与异常低的过渡带，布格重力异常 Theta 图、布格重力异常倾斜角 TATHDR、布格重力异常水平导数 NVDRTHDR 图上显示为极值连线。该断裂规模大，为基底断裂，赵文智、张恺、任纪舜、李锦轶等认为其由西南向东北俯冲，控制了准噶尔盆地及博格达－哈尔里克褶皱带东段的发育。

第四节　吐哈盆地及深部结构特征

一、典型剖面解释

吐哈盆地发展演化明显受该区深大断裂的控制，盆地内的构造变形样式与周缘造山带的形成、发展密切相关。为了深入研究吐哈盆地的构造特征，探讨深部及浅部结构特征、中生界、石炭－二叠系分布特征及相邻构造单元间的接触关系，根据收集到的地震剖面、钻井资料以及前人已完成的剖面研究成果，选择了 7 条剖面进行综合解释，剖面位置如图 4－15 所示。

1. 可可托海－柳园剖面

可可托海－柳园剖面为 1988 年原地质矿产部实施的阿尔泰－阿尔金地学断面的北段(王有学等，2004)，自北向南起始于阿尔泰山，过东准噶尔低山丘陵、准噶尔盆地、博格达山、吐哈盆地，至东天山，长度约 965km，剖面位置如图 4－15 所示。

由于该剖面较长，布格重力异常特征复杂，总体呈“低－高－低－高－低－高－低”的特征(图 4－16)。剖面北部阿尔泰造山带、东准噶尔－南蒙古褶皱带、中南部吐哈盆地、南端东天山构造带、北山构造区总体表现为布格重力异常低值

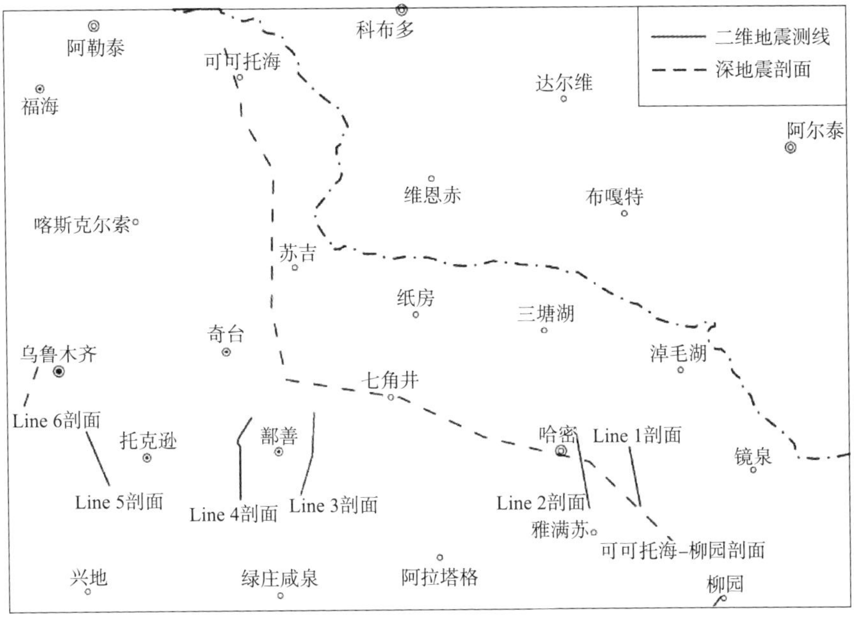

图 4－15　典型地球物理解释剖面位置分布图

区，而剖面其他地区则总体表现为布格重力异常高值区。布格重力异常值最高位于额尔齐斯－南戈壁褶皱带，约为 $-134\times10^{-5}m/s^2$，最低值位于东天山构造带，约为 $-240\times10^{-5}m/s^2$。吐哈盆地布格重力异常总体呈低值，可能主要是由浅部密度相对较小、厚度较大的沉积地层所引起；而准噶尔盆地布格重力异常总体呈高值，可能主要是由深部密度较大的介质所引起。

该剖面磁力化极异常特征复杂，异常值变化梯度较大。阿尔泰造山带、东准噶尔－南蒙古褶皱带、博格达－哈尔里克褶皱带、东天山构造带、北山构造区总体表现为磁力化极异常低值区，额尔齐斯－南戈壁褶皱带、准噶尔盆地、吐哈盆地总体表现为磁力化极异常高值区，而觉罗塔格褶皱带则表现为磁力化极异常剧烈变化区。磁力化极异常值最高位于额尔齐斯－南戈壁褶皱带，约 366nT，最低值位于东准噶尔－南蒙古褶皱带，约－236nT。

剖面速度结构特征显示，吐哈盆地及准噶尔盆地地壳表层具有较低的速度（$v_P=3.6\sim5.8km/s$）。相对来说，吐哈盆地沉积了巨厚的沉积地层，沉积层厚度约 8km。在剖面上的大部分地区，结晶上地壳的埋深介于 8～14km 之间，速度介于 6.0～6.1km/s 之间。在博格达山下部，结晶基底速度为 $v_P=6.30km/s$，明显表现为高速体的特征，可能反映了博格达山与准噶尔南缘之间的横向差异及构造分界。虽然地表地质比较复杂，对于中地壳，东天山以北明显发育有一厚约

19km 的介质（$v_P = 6.5 \sim 6.6km/s$），东天山及其以南地区速度明显减小为 $v_P = 6.3km/s$。东天山及其以南，中地壳表现出了显著的非均匀性，在埋深 25km 的部位明显发育有一厚约 5km、速度为 5.9km/s 的低速层。该剖面下地壳平均厚度约为 20km，速度介于 6.9 ~ 7.0km/s 之间，顶面埋深介于 25 ~ 30km 之间，整个剖面表现为一相对均匀的高速地层。剖面北部阿尔泰地区，下地壳的最大厚度约为 30km，莫霍面深度约为 55km。准噶尔盆地下地壳最薄，最薄约为 15km，莫霍面埋深为 46km。

剖面综合解释结果（图 4 - 16）表明，地壳具有明显的垂向分层、横向分区的特点。上地壳断裂比较发育，各造山带与盆地明显受断裂控制。

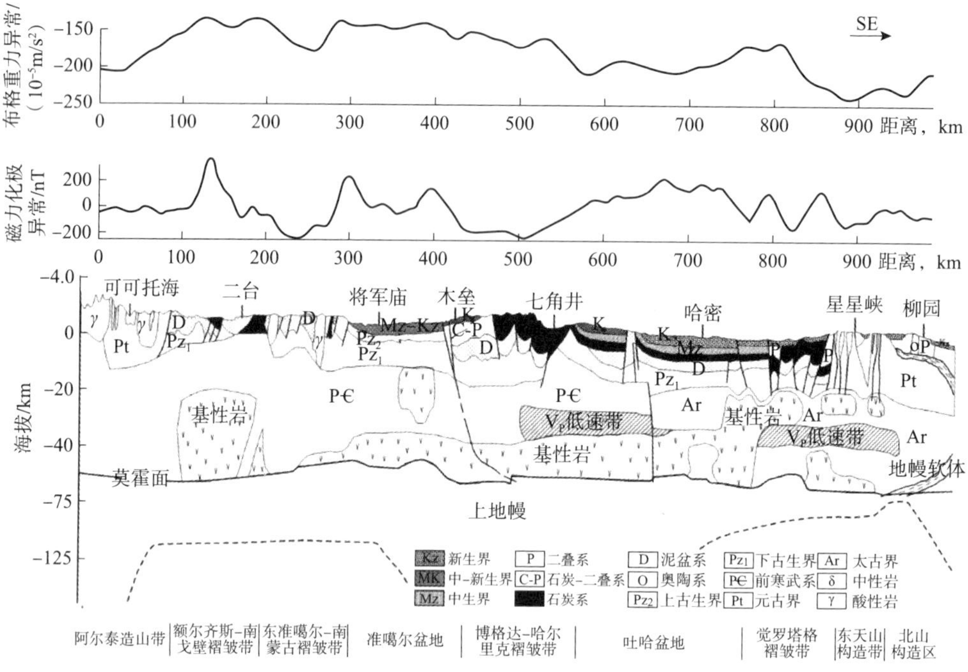

图 4 - 16　可可托海 - 柳园剖面综合解释图（地质剖面据袁学诚等，2000）

该剖面的上地壳自北向南可以分为阿尔泰造山带、额尔齐斯 - 南戈壁褶皱带、东准噶尔 - 南蒙古褶皱带、准噶尔盆地、博格达 - 哈尔里克褶皱带、吐哈盆地、觉罗塔格褶皱带、东天山构造带及北山构造区。上地壳中，准噶尔盆地及吐哈盆地沉积地层发育稳定，岩浆及规模较大的断裂不发育；额尔齐斯 - 南戈壁褶皱带及东准噶尔 - 南蒙古褶皱带发育许多向北倾的断裂，不同的是，东准噶尔 - 南蒙古褶皱带内岩浆比较发育；博格达 - 哈尔里克褶皱带断裂发育，北部断裂向南倾，南部断裂向北倾；觉罗塔格褶皱带断裂比较发育，断裂倾向多变；东天山构造带发育有大量的岩浆岩，一般有岩浆通道；北山构造区断裂发育，元古宇上部发育有地幔软体。相对上地壳而言，中、下地壳结构较为简单。除了博格达北缘及三道岭发育有切割莫霍面的深大断裂之外，其他区域未见深入下地壳的断裂。中地壳中，额尔齐斯－南戈壁褶皱带、准噶尔盆地南部、觉罗塔格褶皱带及东天山构造带发育大规模的基性岩，而额尔齐斯－南戈壁褶皱带与东准噶尔－南蒙古褶皱带之间中、下地壳可能存在较大的岩浆通道。

自上而下，阿尔泰－阿尔金地学断面综合解释结果(图4－16)显示，准噶尔盆地地壳总体可分为上、中、下3个部分。地壳上部为沉积稳定、厚度较大的新生界、中生界及古生界，断裂发育不甚明显，与北侧的东准噶尔－南蒙古褶皱带及南侧的博格达－哈尔里克褶皱带呈逆断层接触关系。地壳中部横向主要发育较为稳定的前寒武系，将军庙与木垒之间发育有大规模的基性岩，且明显侵入下古生界。地壳下部发育为较厚的基性岩层。地壳中、下部与北侧的东准噶尔－南蒙古褶皱带具有较好的连续性，而与南侧的博格达－哈尔里克褶皱带可能呈逆断层接触关系。就地壳总体厚度来说，准噶尔盆地明显比南侧及北侧的构造单元薄，莫霍面向上隆起。

2. Line 1 剖面

该剖面位于哈密地区东侧，为一条近南北向剖面，总长约77km，剖面位置如图4－15所示。该剖面与Line 1地震剖面位置重合，地形高程显示为“低－高”的特征(图4－17)。剖面南段由觉罗塔格复背斜开始，穿过哈密坳陷，向北至北天山褶皱带。该剖面与该区布格重力异常走向基本垂直，基本上控制了该剖面通过地段的主要构造格局。

剖面自南向北，布格重力异常表现为“三高三低”的特征，局部重力异常显示为“三高三低”的特征，磁力化极异常呈现出“低－高－低”的特征，局部磁力异常表现出“两高两低”的特征。

地震剖面基本显示了该剖面构造特征及新生界、侏罗系、石炭系的发育特征(图4－17)。引起剖面布格重力异常高值、低值变化的主要地质因素是基底起伏。局部重力异常高值、低值变化可能主要由基底局部隆、凹所致，磁力化极异常高值主要由变质基底上隆引起，局部磁力高异常也可能主要是由变质基底上隆所引起的。

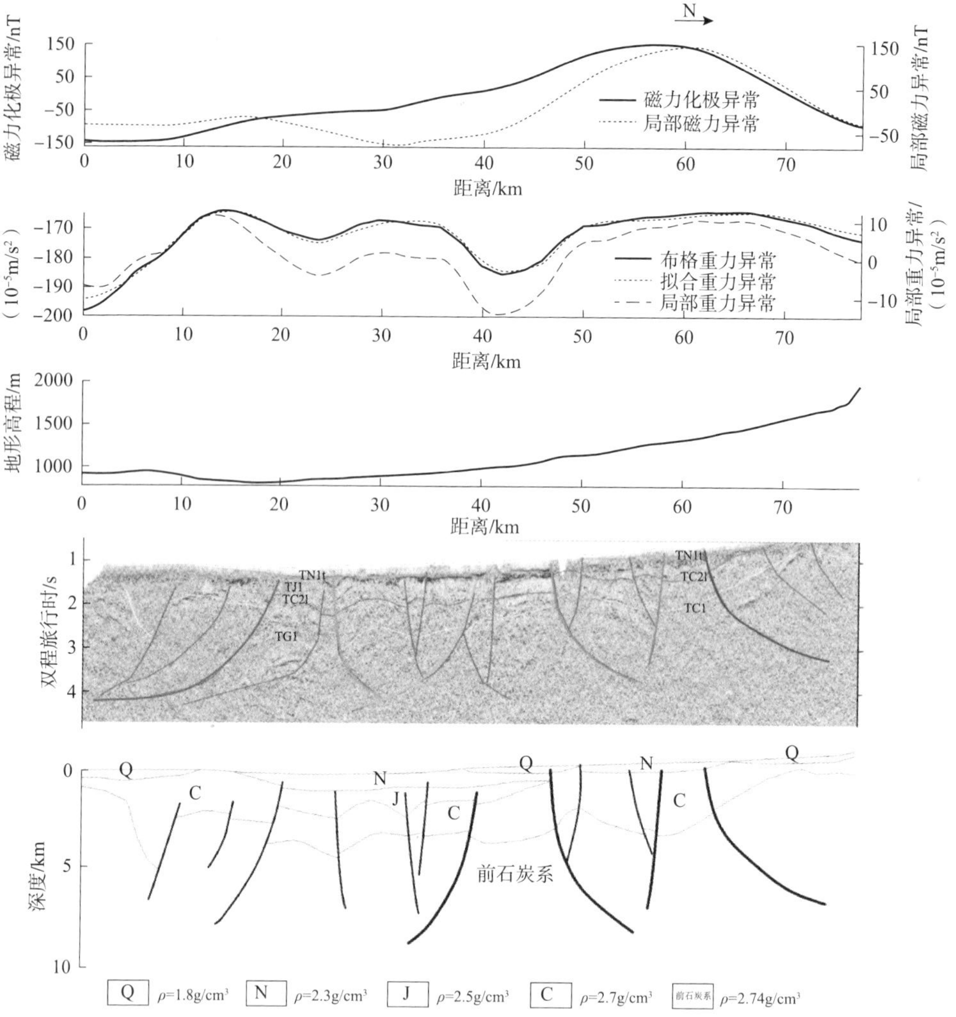

图 4－17　Line 1 剖面综合解释图

以地震剖面结果约束的重力异常剖面定量拟合解释结果表明，第四系厚度总体较薄，中部缺失，横向变化较小，厚度一般小于 300m；剖面南部、中部、北部缺失古近－新近系，形成两个洼陷，厚度一般小于 800m；缺失白垩系及三叠系，侏罗系仅分布于剖面中南部，形成一个较小的洼陷，横向厚度变化较大，厚度一般小于 1300m；二叠系缺失；石炭系受后期构造活动影响，横向厚度变化较大，厚度一般小于 3200m。

3. Line 2 剖面

该剖面位于哈密地区东侧，为一条近南北向剖面，总长约 97km，剖面位置如图 4 - 15 所示。该剖面与 Line 2 地震剖面位置重合，地形高程显示为“高 - 低 - 高”的特征(图 4 - 18)。剖面南段由觉罗塔格复背斜开始，穿过哈密坳陷，向北至北天山褶皱带。该剖面与该区布格重力异常走向基本垂直，基本上控制了该剖面通过地段的主要构造格局。

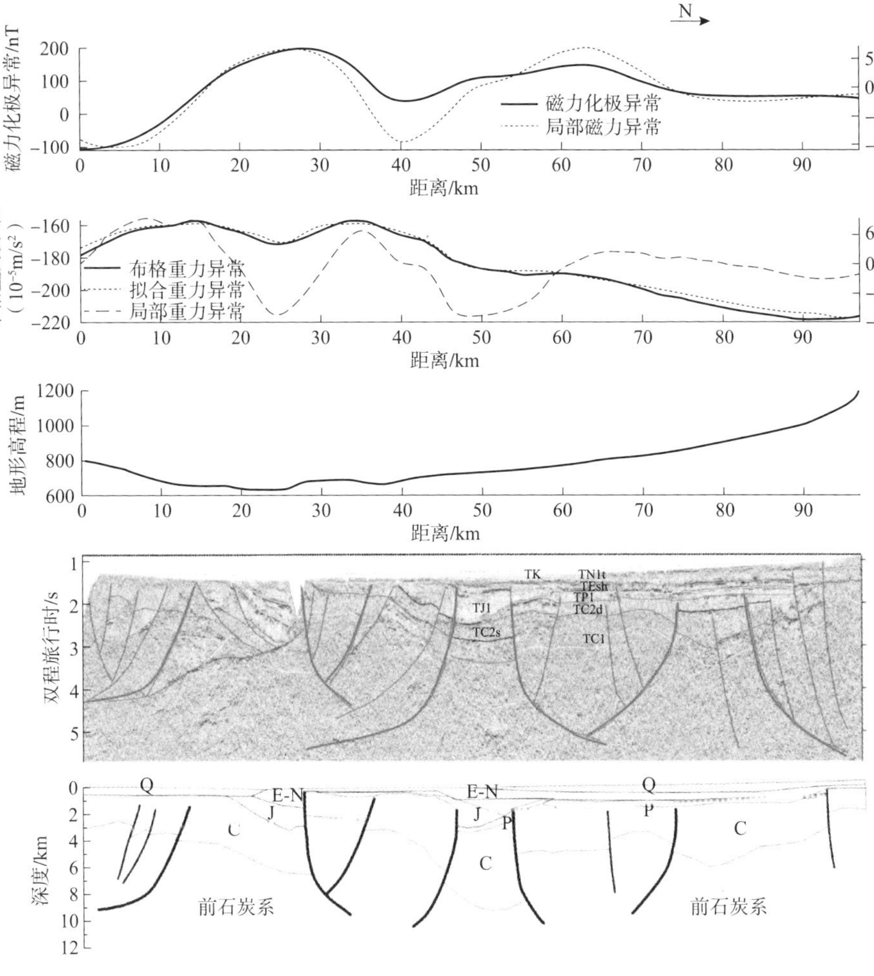

图 4 - 18　Line 2 剖面综合解释图

剖面自南向北，布格重力异常表现为“高 - 低 - 高 - 低”的特征，局部重力异常显示为“三高两低”的特征，磁力化极异常呈现出“两高三低”的特征，局部磁力异常表现出“两高三低”的特征。

地震剖面基本显示了该剖面构造特征及新生界、侏罗系、二叠系、石炭系的发育特征(图4－18)。剖面南部密度相对较高的基底抬升可能是引起布格重力异常高值的主要地质因素；局部重力异常高值和低值特征可能主要由前中生界的局部厚、薄变化所致；磁力化极异常高值可能主要由变质基底上隆引起；中部两个局部磁力高异常可能主要也是由变质基底局部隆起所引起的。

剖面定量拟合解释结果(图4－18)表明，第四系厚度总体较薄，中部缺失，横向变化较小，厚度一般小于500m；剖面南部缺失古近－新近系，中部较薄，厚度一般小于600m；侏罗系仅分布于剖面中部，形成两个横向尺度较小的洼陷；二叠系则分布于剖面中北部，总体厚度较薄，一般小于500m；石炭系受后期构造活动影响，横向厚度变化较大，中部厚度较大，约6500m，北部最薄处亦超过2000m。

4. Line 3 剖面

该剖面位于鄯善地区东侧，为一条近南北向的剖面，总长约107km，剖面位置如图4－15所示。该剖面与Line 3地震剖面位置重合，地形高程显示为“高－低－高”的特征(图4－19)。剖面南段由觉罗塔格复背斜开始，向北穿越吐鲁番坳陷，延伸至北天山褶皱带。该剖面与该区布格重力异常走向基本垂直，基本上控制了该剖面通过地段的主要构造格局。

剖面自南向北，布格重力异常表现为“高－低－高”的特征，局部重力异常显示为“两高两低”的特征，磁力化极异常呈现出“低－高”的特征，局部磁力异常表现出“四高三低”的特征。

地震剖面基本显示了该剖面构造特征及新生界、中生界、石炭系－二叠系的发育特征(图4－19)。剖面南部密度相对较高的前中生界抬升可能是引起布格重力异常高值的主要地质因素，北部布格重力异常高值可能主要由密度相对较高的老地层向上抬升所致，中部布格重力异常低值可能主要是密度相对较低的新生界、中生界所引起；中部局部重力异常高值可能主要由中、新生界的局部上隆所致，南北两端的重力高则可能主要由基底局部隆起引起；磁力化极异常高值可能主要由变质基底上隆引起；中部两个局部磁力高异常可能主要是由沉积地层中磁性物质所引起。

剖面定量拟合解释结果表明(图4－19)，新生界厚度总体较薄，中部缺失，横向变化较小，厚度一般小于1000m；剖面中部中生界出露地表，中部厚度较厚，厚度最大约5000m；石炭系－二叠系受后期构造活动影响，横向厚度变化较大，中部厚度较大，约3000m。

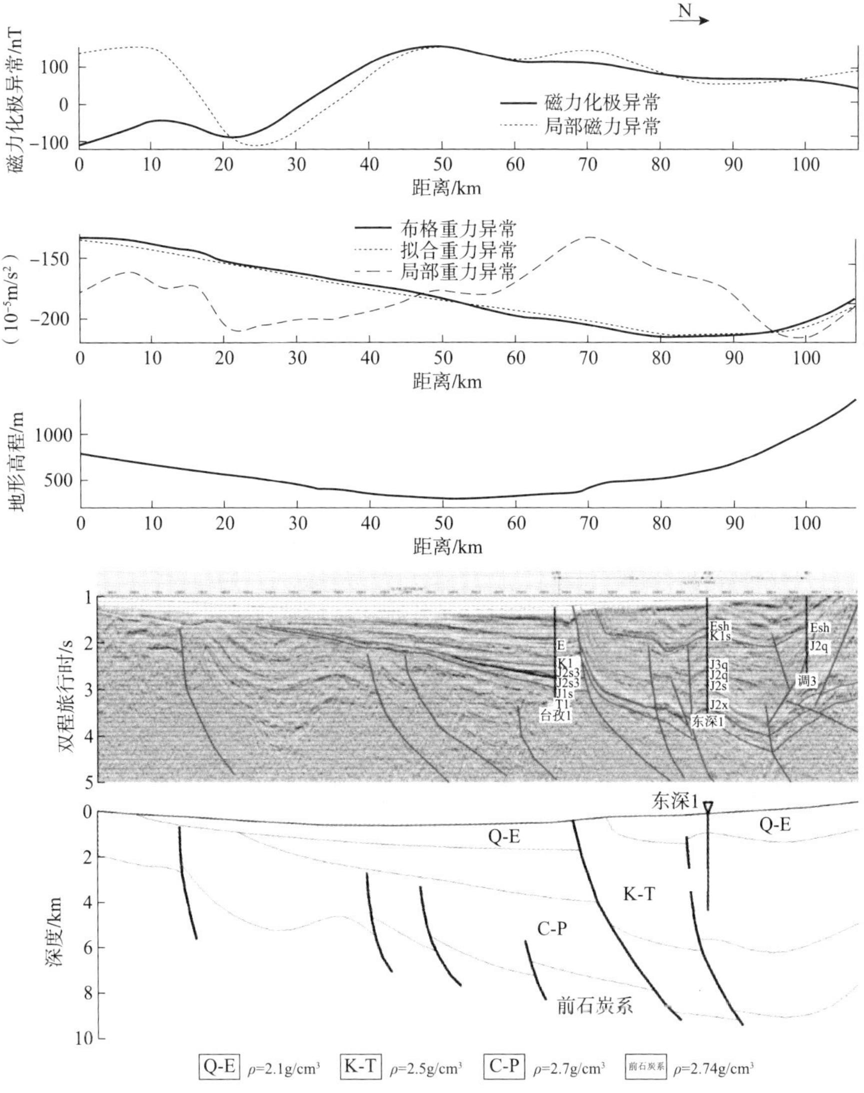

图 4－19　Line 3 剖面综合解释图

5. Line 4 剖面

该剖面位于鄯善西侧，为一条近南北向剖面，总长约 109km，剖面位置如图 4－15 所示。该剖面与 Line 4 地震剖面位置重合，地形高程显示为“高－低－高－低－高”的特征(图 4－20)。剖面南段由觉罗塔格复背斜开始，向北穿越吐鲁番坳陷，延伸至北天山褶皱带。该剖面与该区布格重力异常走向垂直，基本控制了该剖面通过地段的主要构造格局。

剖面自南向北，布格重力异常表现为“高－低－高”的特征，局部重力异常显示为“三高三低”的特征，磁力化极异常呈现出“低 – 高 – 低 – 高”的特征，局部磁力异常表现出“三高三低”的特征。

地震剖面基本显示了该剖面构造特征及新生界、白垩系、侏罗系、三叠系的发育特征(图 4 – 20)。剖面南部密度相对较高的前中生界抬升可能是引起布格重力异常高值的主要地质因素，北部布格重力异常高值可能主要由密度相对较高的石炭系隆起所致，中部布格重力异常低值可能主要是由密度相对较低的新生界、中生界所引起；中部局部重力异常高值可能主要由中部逆冲推覆构造所致，其两侧的重力低可能主要由新生界、中生界局部增厚引起，两端的重力高则可能主要是基底局部抬升所致；磁力化极异常高值可能主要由变质基底上隆引起；中部两个局部磁力高异常可能主要是沉积地层中磁性物质所引起。

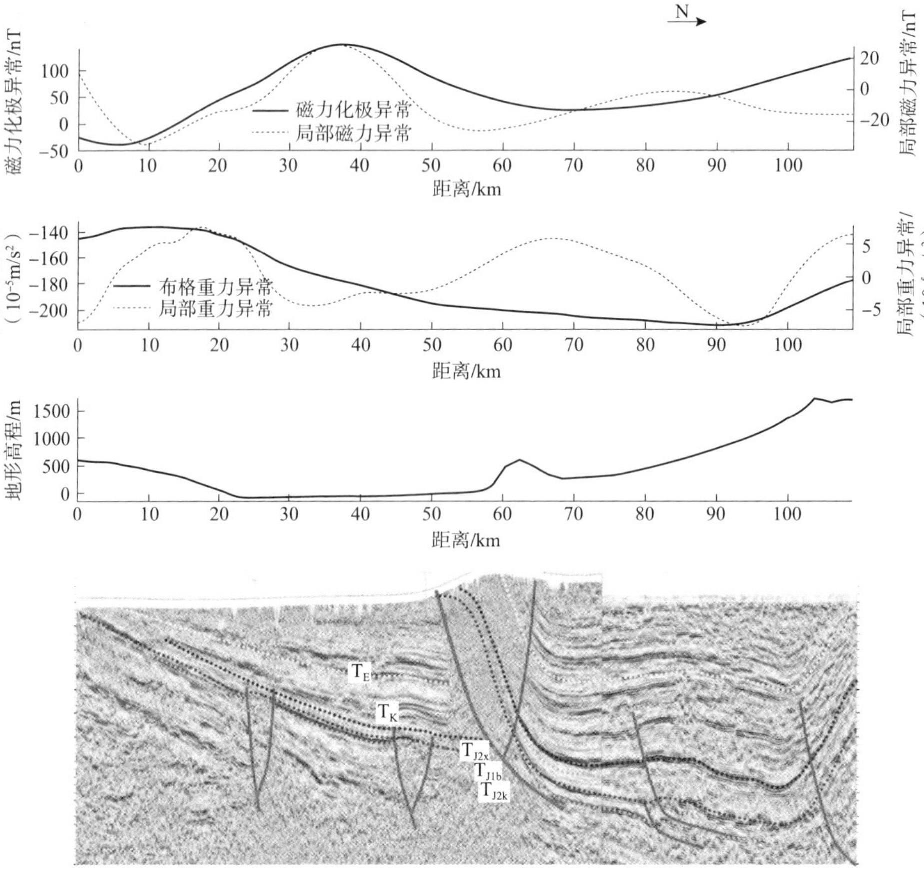

图 4 – 20　Line 4 剖面综合解释图

6. Line 5 剖面

该剖面位于托克逊西侧，为一条北北西向剖面，总长约 72km，剖面位置如

图 4－15 所示。该剖面与 Line 5 地震剖面位置重合，地形高程显示为“高－低－高”的特征（图 4－21）。剖面西南段由觉罗塔格复背斜开始，向西北穿越托克逊凹陷，延伸至北天山褶皱带。该剖面与该区布格重力异常走向呈一定的夹角，基本控制了该剖面通过地段的主要构造格局。

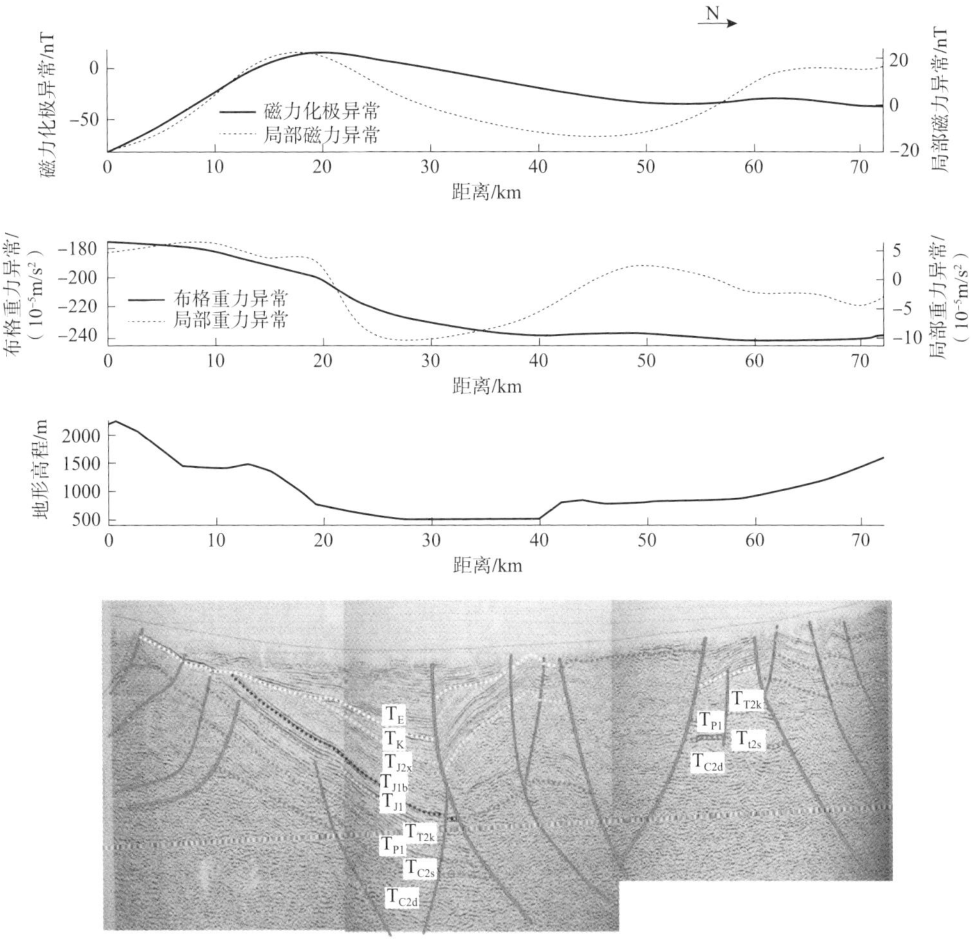

图 4－21　Line 5 剖面综合解释图

剖面自东南向西北，布格重力异常表现为“高－低”的特征，局部重力异常显示为“高－低－高－低”的特征，磁力化极异常呈现出“低－高－低”的特征，局部磁力异常表现出“低－高－低－高”的特征。

地震剖面基本显示了该剖面构造特征及新生界、中生界、石炭系－二叠系的发育特征（图 4－21）。剖面南部前石炭系抬升可能是引起布格重力异常高值的主要地质因素；中部及北端局部重力异常低值可能主要由新生界、中生界局部增厚所致；南部磁力化极异常高值可能主要由变质基底上隆引起；中部局部磁力异常低值可能主要是该区沉积地层磁性较弱所致。

7. Line 6 剖面

该剖面位于乌鲁木齐西侧，全长 78km，剖面位置如图 5－15 所示。自南向北，地势总体呈降低趋势。CMP 叠加时间剖面明显表现出横向分块、纵向分带的地质结构特征，自上而下，该时间剖面可分为上、中、下 3 个部分：上地壳、下地壳和壳幔过渡带(图 4－22)。

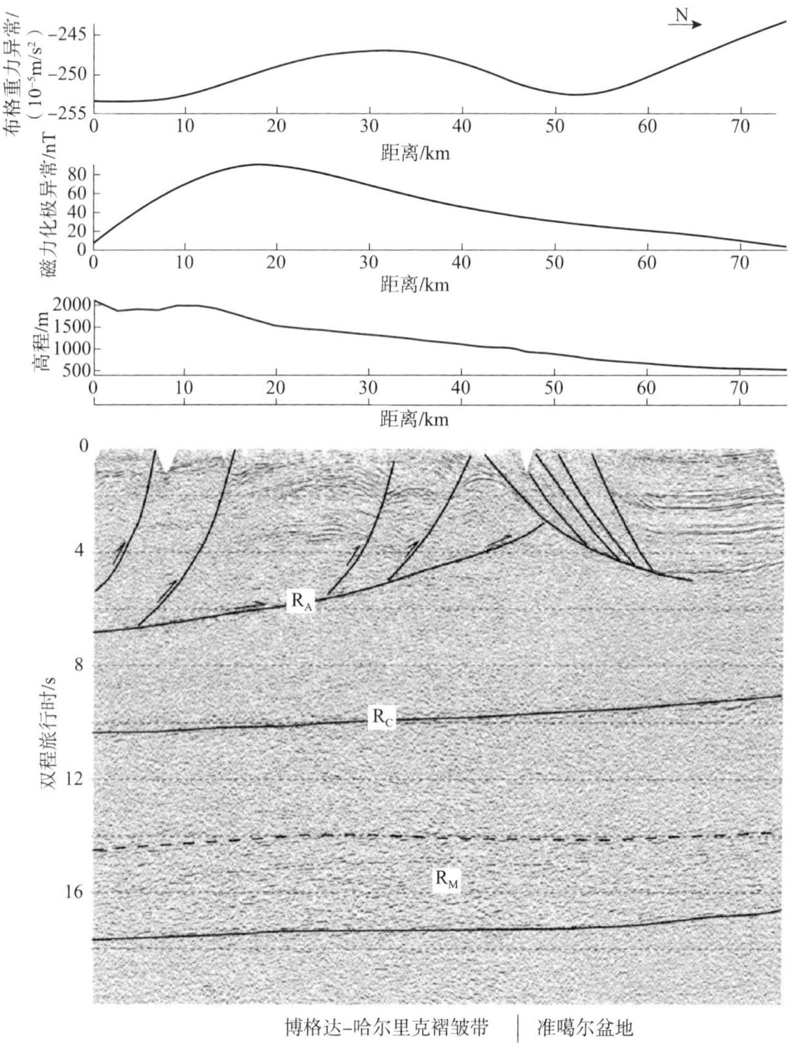

图 4－22　Line 6 剖面综合解释图(地震剖面据刘保金等，2007)

R_A—滑脱面；R_C—上、下地壳的分界面；R_M—壳幔过渡带，其底界为莫霍面

以桩号48km为界，浅于5s双程旅行时(TWT)的反射波组构及反射面形态特征差异较大。在桩号48km以南，发育了一系列逆冲断层，形成了一系列逆冲背斜构造。这些逆冲断层深部和浅部的形态特征不同，深部倾角较为平缓，而浅部倾角较陡。桩号45～55km处，发育了多条向北陡倾的反射层系。桩号45km以南，倾向南的反射事件 R_A 特征非常明显，由北向南，深度由10km逐渐增加到18km。桩号55km以北，地层反射的横向连续性较好、地层产状较为平缓，反映出典型的沉积盆地特征，盆地最深约为10～12km。地表地质图显示，该剖面所经过的地区发育有大量的断裂构造，这也反映在了剖面的反射波场特征上。总体来看，桩号48km以南，5条断裂以及反射带 R_A 构成了一个完整的铲型逆断裂构造体系，基于反射带 R_A，上地壳内部形成了一个逆冲块体。

双程旅行时9～11s之间，明显发育有一个自北向南缓倾的反射叠层 R_C。剖面南端，R_C 反射叠层的顶界时间约为10.5s，换算成深度约为31km；剖面北端，R_C 反射叠层的顶界时间约为9s，换算成深度约为27km。地震相特征表明，一些倾斜或平缓的小尺度反射构成了 R_C 反射叠层，可能表明波阻抗差异明显的薄的互层介质存在于 R_C 反射叠层中相应的深度上。以 R_C 反射叠层为界，上、下震相特征明显不同，推测 R_C 反射叠层为上地壳和下地壳之间的分界线。R_C 反射叠层之下波场特征比较简单，表明下地壳横向变化较为稳定。

波场特征显示，反射事件 R_M 表现为叠层反射结构，由一套相互结合平整的、小尺度的、彼此近于平行的反射段组成，推测为壳幔过渡带。剖面北端，该壳幔过渡带始于双程旅行时约为13.8s，换算成深度约为42.8km；剖面南端，该壳幔过渡带约在双程旅行时14.5s开始出现，换算成深度约为45km。该壳幔过渡带对应厚度约为9～10km，其底界对应于莫霍面的位置，明显显示自北向南倾伏，莫霍面深度介于52～55km之间。

该剖面布格重力异常特征明显。自南向北，布格重力异常值呈“低－高－低－高”特征分布：剖面南端布格重力异常值为 $-253\times10^{-5}m/s^2$，向北升高至 $-247\times10^{-5}m/s^2$，然后往北则降低至 $-253\times10^{-5}m/s^2$，再往北异常值呈升高趋势。对比CMP叠加时间剖面解释结果，剖面中部的重力异常高可能主要由上地壳介质所引起，剖面中北部的重力异常低可能主要是准噶尔盆地南缘较厚且密度相对较小的沉积地层所引起，而重力异常由南向北呈升高趋势则主要是莫霍面向北呈抬升所引起。

该剖面磁力化极异常特征亦非常显著。自南向北，磁力化极异常值呈“低－

高－低”特征分布：剖面南端磁力化极异常值为 8nT，向北升高至 90nT，再往北异常值呈降低趋势。总体上看，剖面南端异常变化梯度较陡，而剖面北部异常变化梯度则比较平缓。对比 CMP 叠加时间剖面解释结果及地表地质信息，该剖面中南部的磁力异常高可能主要由磁性较强的岩浆岩所引起。

上述分析表明，该剖面综合解释结果清楚地揭示了准噶尔盆地与北天山的接触关系。上地壳北天山褶皱带与准噶尔盆地呈断层接触关系，自南向北，推覆体的前缘北天山向准噶尔盆地扩展，表现为挤压隆起相伴生的复杂的断裂和褶皱构造。下地壳顶面及莫霍面自北往南倾伏，连续性较好，未见明显的错断。

二、吐哈盆地中生界分布特征

1. 中生界厚度及底界深度反演

为了反演吐哈盆地中生界厚度及底界深度，这里拾取了哈密坳陷 8 条二维地震剖面的各解释地层的底界双程旅行时，整理了吐哈盆地 73 口钻井的各套地层深度及厚度，并基于过三堡 1 井的 T90－650 地震剖面、过东深 1 井的 T98－246 地震剖面、过桃 1 井及鄯科 1 井的 SY97－1 地震剖面读取了双程旅行时对应的深度值，进而获得了时间与深度之间的函数关系（图 4－23）。

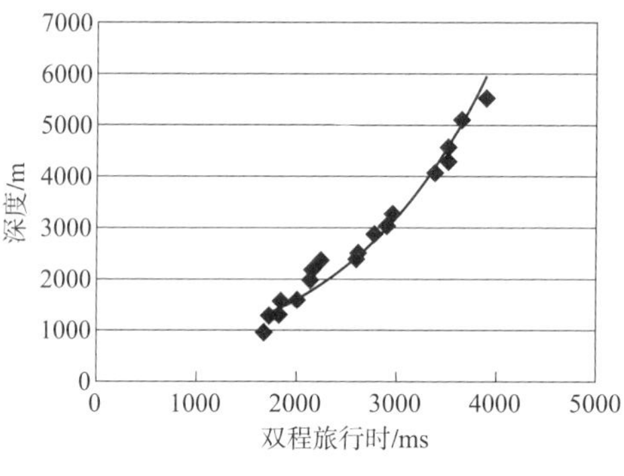

图 4－23　吐哈盆地地震剖面双程旅行时与深度关系图

黑色实线为拟合趋势线

令深度为 $f(x)$，地震剖面双程旅行时为 x，则两者之间存在如下关系式：

$$f(x)=401.47e^{0.0007x} \tag{4-1}$$

式中，x 为地震剖面上各解释地层的双程旅行时，ms；$f(x)$ 为各解释地层的深度值，m。

利用上述关系式，计算了基于地震剖面解释的各地层的深度，并利用整理好的吐哈盆地的73口钻井数据，反演了吐哈盆地中生界底界深度以及中生界厚度，结果见图4-24和图4-25所示。

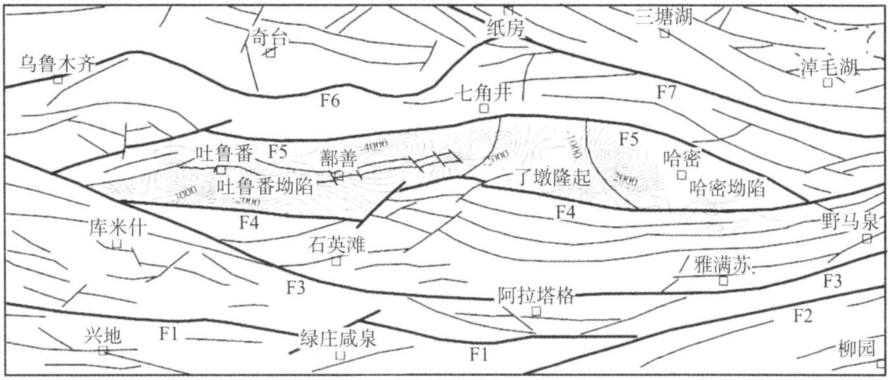

图4-24 吐哈盆地断裂分布及中生界底界深度图

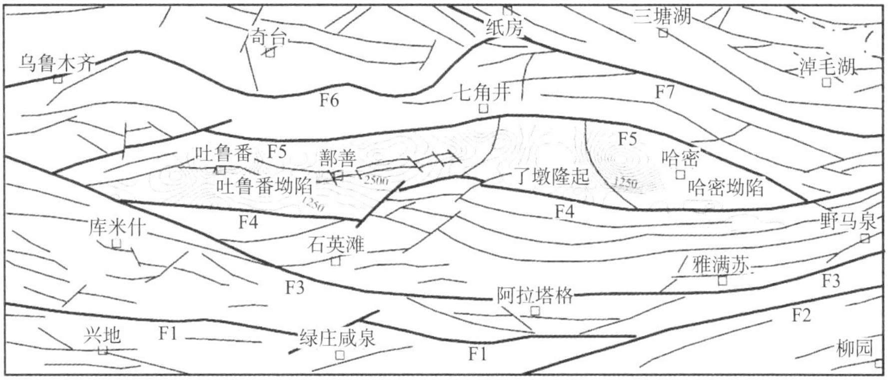

图4-25 吐哈盆地断裂分布及中生界厚度图

2. 中生界底界深度及构造特征

吐哈盆地中生界底界深度图显示，吐哈盆地可以分为吐鲁番坳陷、了墩隆起及哈密坳陷等3个构造单元，构造单元之间呈断层接触关系。吐哈盆地与其北侧的北天山褶皱带呈断层接触关系，而向南则可能由于中生代地层尖灭使得中生界底界深度变化较大。

1)吐鲁番坳陷

吐鲁番坳陷位于吐哈盆地西部，基于中生界底界深度可以进一步划分出台北凹陷、托克逊凹陷及艾丁湖斜坡3个次级构造单元。台北凹陷宏观呈近东西向展布，其与周边构造单元呈断层接触关系，最深处位于胜金西侧，约-5030m。托克逊凹陷总体上呈北东向展布，其与周边构造单元呈断层接触关系，最深处位于托克逊北侧，约 -4540m。艾丁湖斜坡宏观呈近东西向展布，自北向南，逐渐抬升，最浅处位于艾丁湖西南侧，约 -950m。

2）了墩隆起

了墩隆起位于吐哈盆地中部，相对于其东、西两侧的吐鲁番坳陷及哈密坳陷呈明显的隆起状，最浅处位于五堡西北侧，约 -550m。自南向北，了墩隆起与北天山褶皱带呈断层接触关系，向南则可能中生代地层尖灭。

3）哈密坳陷

哈密坳陷位于吐哈盆地东部，基于中生界底界深度可以进一步划分为哈密凹陷和南湖构造带两个次级构造单元。哈密凹陷向北、向西、向南可能呈断层接触关系，向东中生代地层尖灭，最深处位于五堡东北侧，约 -3770m。南湖构造带宏观呈近东西向展布，深度相对较浅，但是横向差异较大，向南可能呈断层接触关系，向北中生代地层尖灭。

3. 中生界厚度特征

吐哈盆地中生界厚度图显示，总体而言，同中生界底界深度相似，吐哈盆地可以分为东、中、西三大区域。西部及东部总体上表现为中生界较厚区，中部则表现为中生界较薄区。

1）吐鲁番坳陷

吐鲁番坳陷中生界厚度表明，厚度值宏观表现为台北凹陷及托克逊凹陷厚度较大，艾丁湖斜坡自北向南呈尖灭状。总体而言，吐鲁番坳陷中生界厚度与中生界底界深度呈正相关，即中生界底界深度较深处中生界厚度较大，最厚处位于鄯善北侧，约 4000m。差异最大之处位于吐鲁番周围一带，中生界厚度呈明显的减薄区域。

2）了墩隆起

了墩隆起中生界厚度总体上与中生界底界深度呈正相关关系，表现为东、西两侧向中间逐渐减薄，最薄处位于五堡西北侧，约 30m。

3）哈密坳陷

哈密坳陷中生界厚度宏观上分为哈密凹陷区和南湖构造带区两个区域。哈密凹陷区总体上表现为中生界增厚区域，最厚位于五堡北侧，约 3250m。南湖构造带区表现为厚度变化复杂区域，但是总体厚度较小，厚度一般介于 80 ~ 520m 之间。

三、吐哈盆地石炭－二叠系分布特征

1. *石炭系－二叠系厚度及底界深度反演*

1）吐鲁番坳陷及了墩隆起

局部重力异常及典型剖面解释表明，吐鲁番坳陷中部吐鲁番－胜金－鄯善－七克台一带的局部重力异常高主要由该坳陷中部逆冲推覆带引起。地震剖面解释结果显示，该逆冲推覆带主要为中生代地层。若要反演前中生界密度界面，需要先提取相应的重力异常，也就是需要把新生界、中生界引起的局部异常压制。吐哈盆地不同尺度带通异常显示，随着滤波尺度的增大，吐鲁番－胜金－鄯善－七克台一带近东西向的异常越来越不明显，当滤波尺度达到 70～80km 时，该带的重力异常走向等特征明显发生变化，表明区域（滤波 70km）重力异常基本上消除了新生界、中生界引起的局部异常。

基于区域（滤波 70km）重力异常，以 Line 3 剖面定量解释结果（图 4－19）作为约束，反演了吐鲁番坳陷以及了墩隆起石炭系－二叠系底界深度以及石炭系－二叠系厚度。

2）哈密坳陷

与中生界底界深度及厚度反演一样，哈密坳陷石炭系－二叠系的反演也是基于地震剖面上拾取的双程旅行时，利用式（4－1）的时间与深度之间的关系式，反演了哈密坳陷石炭系－二叠系底界深度以及哈密坳陷石炭系－二叠系厚度。

基于上述反演的吐鲁番坳陷、了墩隆起、哈密坳陷石炭系－二叠系底界深度以及哈密坳陷石炭系－二叠系厚度，获得了吐哈盆地石炭系－二叠系底界深度以及哈密坳陷石炭系－二叠系厚度，结果如图 4－26 和图 4－27 所示。

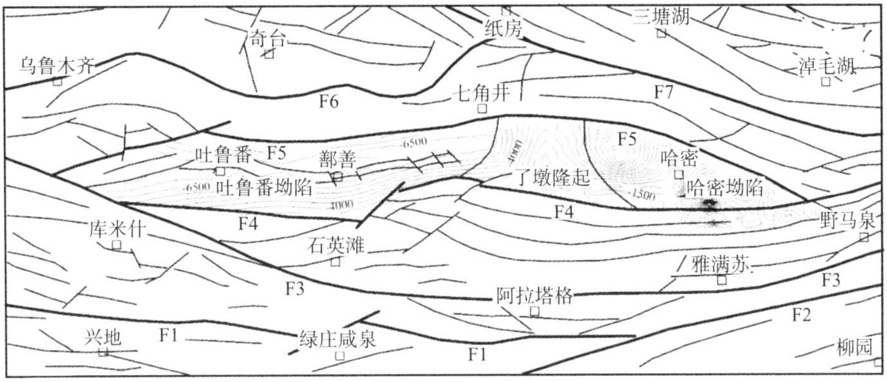

图 4－26　吐哈盆地断裂分布及石炭系－二叠系底界深度图

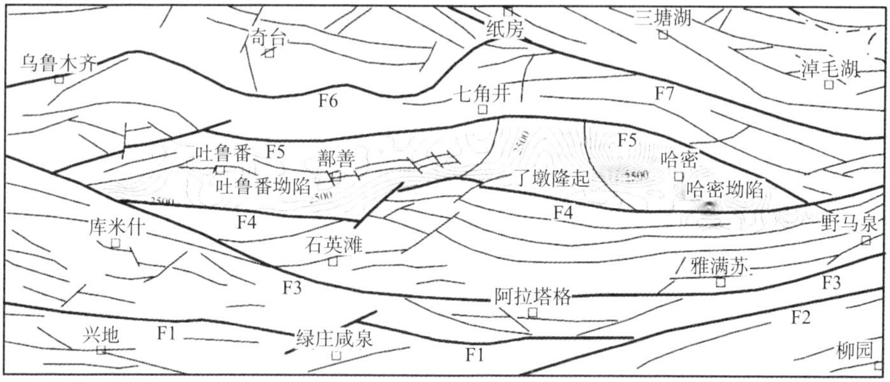

图 4-27 吐哈盆地断裂分布及石炭系-二叠系厚度图

2. *石炭系-二叠系底界深度及构造特征*

吐哈盆地石炭系-二叠系底界深度图显示，吐哈盆地可以分为吐鲁番坳陷、了墩隆起以及哈密坳陷 3 个构造单元，构造单元之间呈断层接触关系。吐哈盆地与其北侧的北天山褶皱带呈断层接触关系，向南与觉罗塔格复背斜亦呈断层接触关系。

1) 吐鲁番坳陷

吐鲁番坳陷位于吐哈盆地西部，呈近东西向展布。自中部向南、北两侧，石炭系-二叠系底界逐渐抬升，北部梯度平缓，南部梯度较陡。该坳陷石炭系-二叠系底界深度介于 2840 ~ 7580m 之间，最深处位于托克逊西北侧，最浅处位于鄯善东南侧。

2) 了墩隆起

了墩隆起位于吐哈盆地中部，相对于其东、西两侧的吐鲁番坳陷及哈密坳陷呈明显的隆起状，最浅处位于丹乔喀北侧，约 -1280m。自南向北，了墩隆起与北天山褶皱带呈断层接触关系，向南与觉罗塔格复背斜亦呈断层接触关系。

3) 哈密坳陷

哈密坳陷位于吐哈盆地东部。该坳陷石炭系-二叠系底界深度横向变化较大，总体上可分为三道岭-西山一带坳陷区、五堡-哈密隆起区、大泉湾凹陷区、沁城隆起区及骆驼圈子复杂变化区等五大区域。该坳陷石炭系-二叠系底界深度最深处位于骆驼圈子西侧，约 -9000m；最浅处位于南湖东北侧，约 -240m。

3. 石炭系－二叠系厚度特征

吐哈盆地石炭系－二叠系厚度图显示，总体而言，同中生界底界深度相似，吐哈盆地可以分为东、中、西三大区域。西部较厚区为吐鲁番坳陷，中部较薄区为了墩隆起，东部复杂变化区为哈密坳陷。

1）吐鲁番坳陷

吐鲁番坳陷石炭系－二叠系厚度表明，厚度总体分为东、中、西三大区域。西部托克逊－吐鲁番一带为石炭系－二叠系较厚区，最厚处位于托克逊西侧，约4853m；中部胜金－七克台一带为石炭系－二叠系较薄区，厚度值横向变化较大，最薄处位于七泉湖南侧，约1080m；西部十三间房一带为石炭系－二叠系较厚区，最厚处位于十三间房西北侧，约4770m。

2）了墩隆起

了墩隆起石炭系－二叠系厚度总体上与石炭系－二叠系底界深度呈正相关关系，表现为东、西两侧向中间逐渐减薄，最薄处位于丹乔喀北侧，约600m。

3）哈密坳陷

哈密坳陷石炭系－二叠系厚度图显示，该区石炭系－二叠系厚度总体上和石炭系－二叠系底界埋深呈正相关关系，即石炭系－二叠系底界深度越深的区域，其厚度亦较厚。该区石炭系－二叠系厚度横向变化较大，总体上亦可分为三道岭－西山一带增厚区、五堡－哈密减薄区、大泉湾增厚区、沁城减薄区以及骆驼圈子复杂变化区等五大区域。该区石炭系－二叠系厚度最厚处位于五堡北侧，约7000m；最薄处位于南湖东北侧，约40m。

四、居里面特征

1. 居里面深度反演

居里面是指磁性矿物在一定温度下从有磁性转变为无磁性的居里（点）等温度面，简称居里面，是磁性层的下界面，反映了岩石圈的热状态而不是确定的地质构造面。申宁华等曾指出，居里面埋深对油气生成、保存有影响，反演居里面深度对大地构造研究和油气资源评价与勘探具有重要意义（汪炳柱等，1999）。有资料表明，下部地壳具有很强的磁性，且磁化强度随深度的增加而增大，但当岩石被加热高于居里温度时，那些碱性、超基性岩磁化强度会发生不可逆转减弱（石彦等，1999），以致磁性消失。因此，常常把居里面作为地球表面磁性层的底界面。一般地，在岩浆火山活动及陆壳拉张断陷区，居里面表现为向上隆起的特征；在古老稳定的克拉通区，居里面表现为向下坳陷的特征；在陆壳碰撞挤压造山带区，居里面表现为宏观埋深较浅且向上隆起或向下凹陷的条带状特征。因此，居里面深度及其起伏形态与地壳厚度及构造特征关系密切(袁学诚等，1996)。

进行居里面反演时，首先，应提取反演所用的大区域磁力异常。众所周知，不同埋深、不同规模密度体(磁性体)所引起的异常场往往是叠加在一起的，为了便于定量反演，需要将叠加异常进行分解。为此，采取向上延拓的方法，把吐哈盆地及邻区磁力异常分解为不同尺度的局部异常和区域异常。为了提取较为合适的区域磁力异常反演该区居里面深度，这里对磁力化极向上延拓不同尺度的异常与阿尔泰－阿尔金地学断面可可托海－柳园段岩石圈地温剖面图(图4－28)进行对比，选择与地温变化宏观呈明显镜像关系的磁力化极向上延拓50km异常(图4－29)作为反演居里面深度的区域磁力异常。可可托海－柳园段岩石圈地温(图4－28)显示，可可托海以北、将军庙－哈密以及柳园以南地区地温梯度较大，可可托海－将军庙以及哈密－柳园地区地温梯度较小。地温梯度较大则居里面深度较深，表明磁性层较厚，从而使得区域磁力异常呈高值带；地温梯度较小则居里面深度较浅，表明磁性层较薄，从而使得区域磁力异常呈低值带。

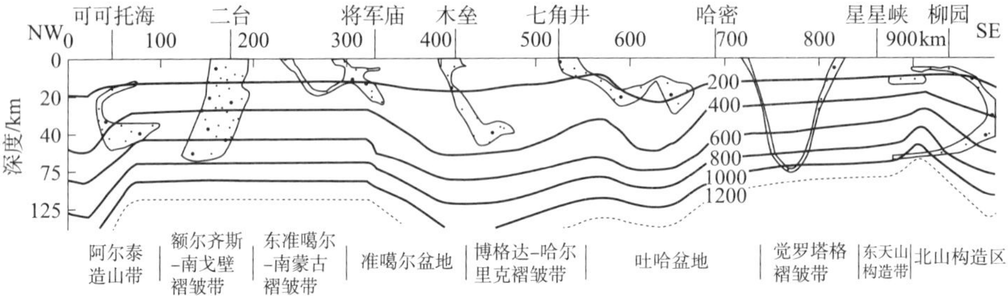

图4－28　阿尔泰－阿尔金地学断面北段岩石圈地温及低阻层剖面图(据袁学诚等，2000)

黑点区域为低阻层分布范围

然后，应给定居里面平均深度(H)。侯重初等利用航磁异常数据计算了新疆地区的居里面深度，结果显示，新疆东北部居里深度介于30～43km之间(侯重初等，1989)。袁学诚等利用航磁资料编制的中国磁性构造层底面深度图表明，新疆东北部居里面深度介于30～44km之间(袁学诚等，1996)；徐元芳等利用卫星磁异常数据亦计算了新疆地区的居里面深度(徐元芳等，1997)，所得结果与侯

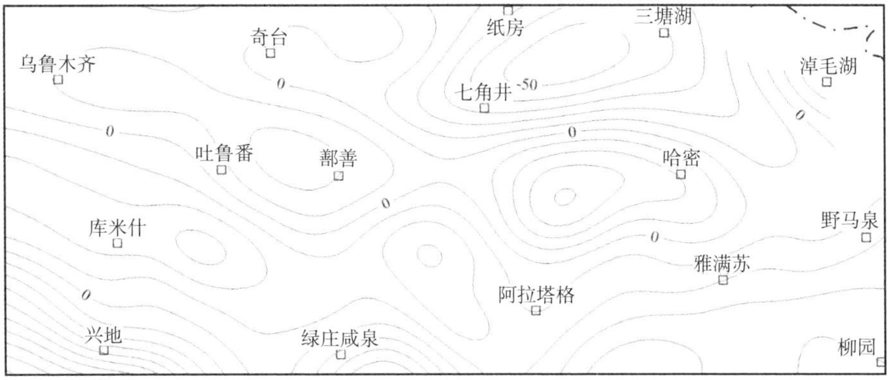

图 4-29　吐哈盆地及邻区磁力化极向上延拓 50km 异常图

重初等及袁学诚等计算结果比较接近，居里深度介于 34 ~ 45km 之间。若以 600℃为居里温度，可可托海 - 柳园段岩石圈地温显示，600℃温度线介于 30 ~ 80km 之间，向南总体抬升，最深处位于可可托海北侧，最浅处位于星星峡与柳园之间。虽然可可托海 - 柳园段岩石圈 600℃温度线在 50km 上下起伏，但是该温度线平均深度显然小于 50km。鉴于不同矿物的居里点温度之间存在固有差异，往往选取 575℃作为岩石的居里点温度(赵俊峰等，2010)。因此，选取 40km 作为居里面平均深度。

其次，需要给出平均磁极化强度。根据全区视极化强度反演，得到平均磁极化强度约为 130nT。于是，选定 40km 为平均深度、130nT 为平均磁极化强度，采用常磁极化强度磁性层下界面深度反演方法，由向上延拓 50km 的航磁化极异常，进行居里面深度反演。然而，反演结果表明，居里面深度变化太大。显然，应采用变极化强度磁性层下界面深度反演方法进行居里面深度反演。反演的定解条件为：①居里面平均深度为 40km；②界面等效平均磁极化强度差约 130nT，数值变化位于 121.4 ~ 143.3nT 之间。

图 4-30 为利用磁力化极向上延拓 50km 异常计算得到的变磁极化强度分布图。所用参数主要有：平均磁化强度取值为 130nT，变磁极化系数取值为 0.3。计算结果显示，磁极化强度值介于 121.4 ~ 143.3nT 之间，同计算所用磁力化极向上延拓 50km 异常相似，最大值位于西南角兴地西南侧，最小值位于东南角柳园西侧。

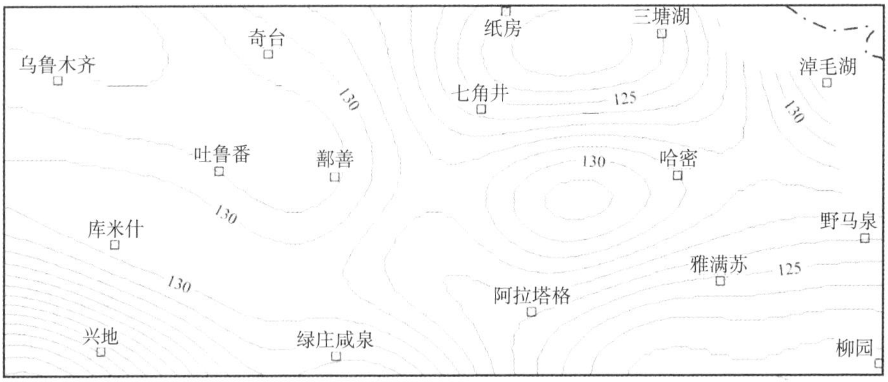

图4-30　吐哈盆地及邻区变磁极化强度分布图

2. 居里面分区特征

当前居里面所揭示的是现今不同地质构造单元地壳的热状态。吐哈盆地及邻区居里面深度反演结果(图4-31)表明，该区居里面深度特征明显，自南往北总体可分为“两高两低”4个区带：兴地-绿庄咸泉居里面坳陷区(Ⅰ)，库米什-阿拉塔格-柳园居里面隆起区(Ⅱ)，乌鲁木齐-鄯善-哈密居里面坳陷区(Ⅲ)，以及七角井-三塘湖居里面隆起区(Ⅳ)。

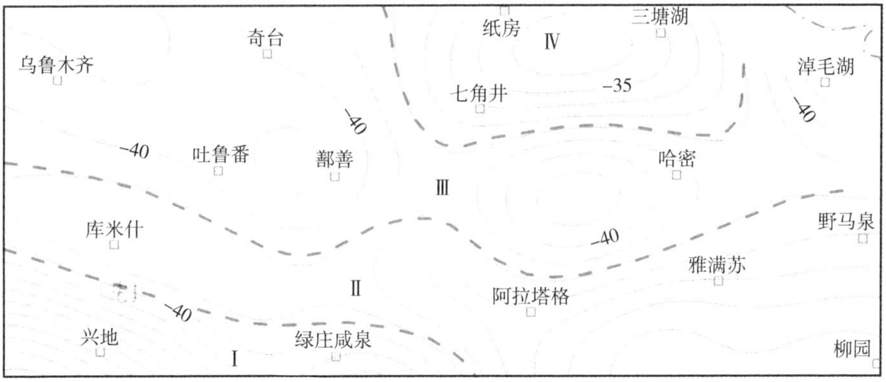

图4-31　吐哈盆地及邻区居里面深度及分区图

1)兴地-绿庄咸泉居里面坳陷区(Ⅰ)

该居里面坳陷区位于西南角兴地-绿庄咸泉一带，走向不甚明显，等值线向南、向西呈开口状未闭合，基本与塔里木北缘构造带相对应。该区北缘为北西西向的梯级带，梯度变化较大，自北向南居里面深度显著增大，最深处位于兴地西侧，约-49.2km。

该居里面坳陷区地表主要出露前寒武系及酸性岩，地表断裂发育，表明该区地温梯度较小、陆块较为稳定。

2）库米什－阿拉塔格－柳园居里面隆起区（Ⅱ）

该居里面隆起区位于南部库米什－阿拉塔格－柳园一带，整体呈北西西－近东西向展布。该区可分为北西西向的西段及近东西向的东段，且东段居里面显然比西段埋深浅。西段北缘居里面深度变化不大，差约3km；东段等值线向南呈开口状未闭合，北缘居里面深度变化较大，差约8km。该区最浅处位于柳园，约33.4km。

该居里面隆起区西段及东段北部地表出露主要为前寒武系、古生界、新生界及酸性岩，东段南部与北山构造区基本相对应，酸性岩及断裂非常发育，表明该区地温梯度大，显然为岩浆火山活动区，陆块稳定性相对较差。

3）乌鲁木齐－鄯善－哈密居里面坳陷区（Ⅲ）

该居里面坳陷区位于中部乌鲁木齐－鄯善－哈密一带，主体与准噶尔盆地东部、博格达山、吐哈盆地相对应，宏观呈北西西－东西走向。该区明显发育4个低点：乌鲁木齐西北部，等值线向西呈开口状为闭合，最深约42.1km；鄯善西侧，等值线呈等轴状圈闭，最深约41.3km；哈密西侧，等值线呈东西走向圈闭，最深约41.5km；淖毛湖西侧，等值线向北、向东未闭合，最深约41.6km。

除了博格达山地表主要出露上古生界之外，该居里面坳陷区地表主要出露新生界，表明该区地温梯度较小，陆块较为稳定。该区居里面特征还说明，准噶尔盆地与吐哈盆地之间被博格达山分开，深部结构可能横向变化较小，差异不大。

4）七角井－三塘湖居里面隆起区（Ⅳ）

该居里面隆起区位于东北部七角井－三塘湖一带，宏观呈近东西走向。由于磁力数据空白所致，该区向北呈开口状未闭合。该区居里面深度最浅位于三塘湖西侧，约33.3km。

该居里面隆起区地表主要出露新生界、上古生界及酸性岩，表明该区地温梯度相对较大，陆块稳定性相对较差。

3. 居里面与盆地、造山带关系

吐哈盆地周缘主要涉及北天山造山带、觉罗塔格造山带、中天山造山带以及南天山造山带（图4－32）。

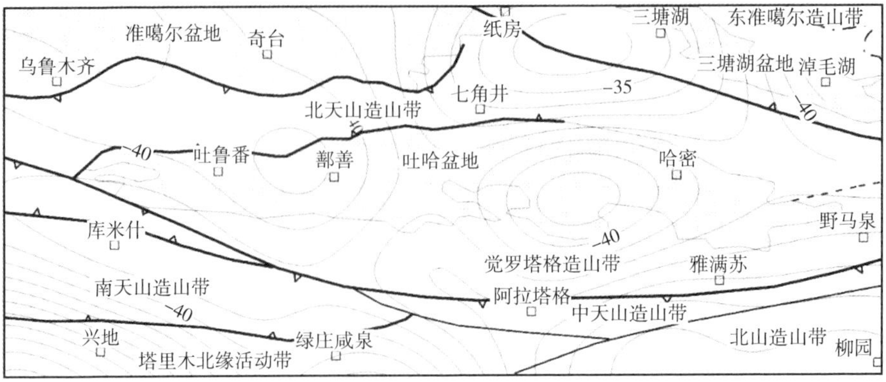

图4－32　吐哈盆地及邻区居里面深度及盆地、造山带叠合图(构造单元据任纪舜等，1999)

灰色区域为盆地范围

吐哈盆地及邻区居里面深度及盆地、造山带叠合图(图4－32)显示，北天山造山带东部总体位于居里面隆起区，西部总体位于居里面坳陷区，中天山造山带位于居里面隆起区北坡，南天山造山带位于居里面隆起区南坡，觉罗塔格造山带位于居里面隆起区北坡，吐哈盆地总体上位于居里面坳陷区，准噶尔盆地总体位于居里面坳陷区。由于磁力资料的缺失，国界线两侧存在大面积的居里面深度空白区，因此，东准噶尔造山带居里面深度反演得并不完整。总体上看，除了北天山造山带西段，该区造山带基本和居里面隆起区相对应，而吐哈盆地及准噶尔盆地基本和居里面坳陷区相对应。

居里面深度变化特征表明，该区南部库米什－阿拉塔格－柳园、东北部七角井－三塘湖一带发育两个居里面隆起带，并且前者和北山造山带、中天山造山带、觉罗塔格造山带及南天山造山带相对应。北天山造山带西段乌鲁木齐南－七角井西一带同吐哈盆地及准噶尔盆地一样，都处于居里面坳陷区。虽然北天山造山带南北两侧发育有规模较大的断层，但是居里面深度差异并不明显，说明吐哈盆地、北天山造山带西段、准噶尔盆地虽然在浅部构造分界明显，而在地壳深部磁性界面可能连成一个整体，差异并不显著。

吐哈盆地虽然位于居里面坳陷区，但是在该盆地中部存在居里面局部隆起，说明吐哈盆地不仅是浅部明显分成东、西两个坳陷带，而且地壳深部的磁性界面也分成东、西两个坳陷带。

五、莫霍面特征

1. 莫霍面深度反演

莫霍面记录了地壳的生长与其经历的地球动力学过程，是描述地壳结构及其演变的重要参数，也是研究人员认识地球演化的关键证据。通常认为，莫霍面反映了地壳厚度，其是地壳与地幔的分界面。地壳测深资料和重力资料对比分析表明，莫霍面深度与布格重力异常之间存在着一定的相关性(秦静欣等，2009)。现代深地震资料大多仅限于二维剖面数据，很难提供真正意义上的三维空间莫霍面分布资料，利用重力数据反演莫霍面深度仍然是一种有效的方法。

为了反演吐哈盆地及邻区莫霍面深度，选择了两条深地震剖面(阿尔泰－阿尔金地学断面可可托海－柳园段剖面、乌鲁木齐西侧深地震反射剖面)以及3条天然地震剖面(准噶尔盆地北部剖面、*AA′*剖面、*BB′*剖面)反演结果作为约束条件，剖面总长约1864km，剖面位置见图4－33。

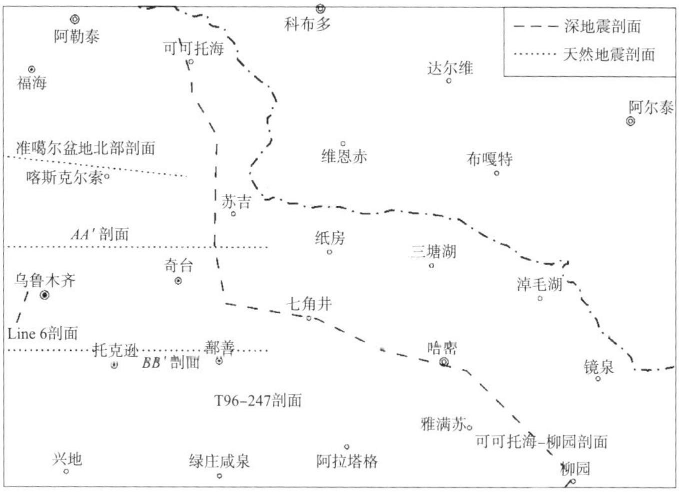

图4－33　新疆东北部及邻区莫霍面反演约束剖面分布图

1)约束剖面特征

阿尔泰－阿尔金地学断面可可托海－柳园段剖面地壳速度剖面位置如图4－33所示，该剖面涉及新疆东北部主要构造单元，莫霍面深度介于44～55km之间，额尔齐斯－南戈壁褶皱带、博格达－哈尔里克褶皱带、东天山构造带、北山构造区莫霍面相对较深，准噶尔盆地、吐哈盆地、觉罗塔格褶皱带莫霍面相对较浅(图4－34)。

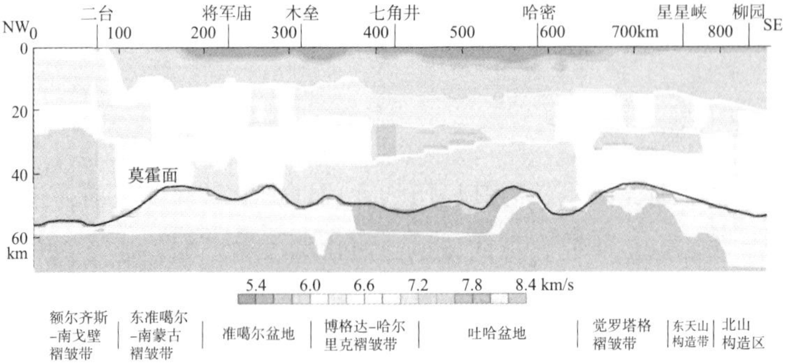

图 4－34　阿尔泰－阿尔金地学断面北段地壳速度剖面图(据袁学诚等，2000)

准噶尔盆地北部剖面位置如图 4－33 所示，地壳速度剖面图显示该剖面莫霍面深度介于 42～47km 之间，剖面中部莫霍面向上隆起，且莫霍面深度东部比西部浅(图 4－35)。

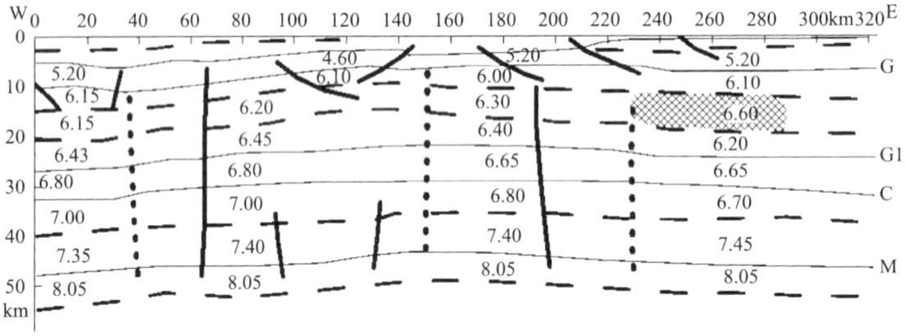

图 4－35　准噶尔盆地北部地壳速度结构剖面图(据赵俊猛等，2008)

图中数字表示速度，单位为 km/s；黑线为主要断裂；G—前寒武纪结晶基底面；G1—结晶地壳中层的顶面；C—中层地壳底面；M—莫霍面

*AA′*剖面位置如图 4－33 所示，速度结构图显示该剖面莫霍面深度介于 44～53km 之间，剖面中部莫霍面表现为向下坳陷(图 4－36)。

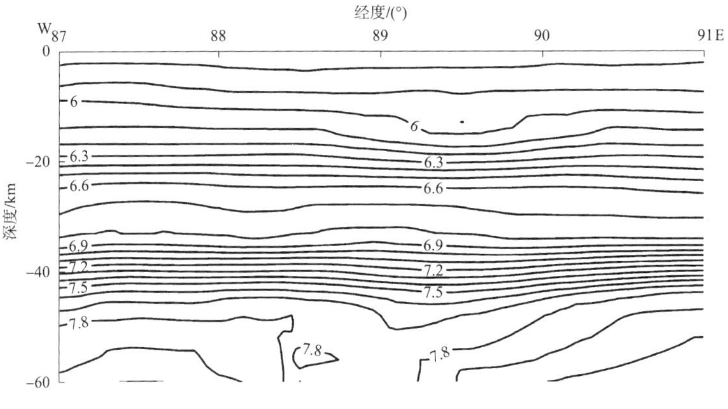

图 4－36　*AA′*剖面速度结构图(据王在华等，2008)

*BB′*剖面位置如图 4-33 所示，速度结构图显示该剖面莫霍面深度介于 44～58km 之间，东部明显比西部浅(图 4-37)。

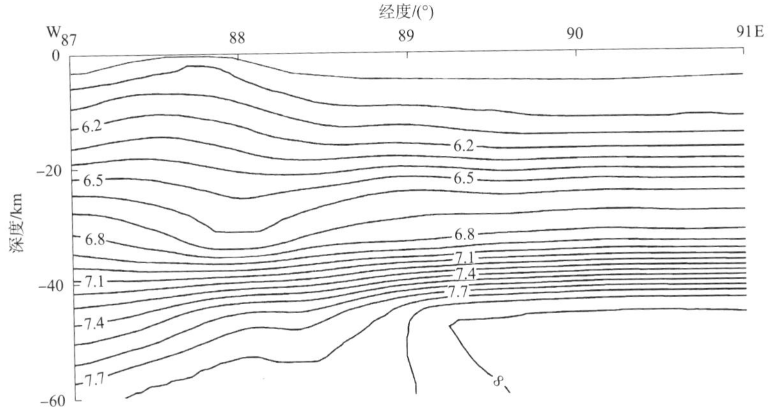

图 4-37　*BB′*剖面速度结构图(据王在华等，2008)

乌鲁木齐西侧深地震反射剖面位置如图 4-33 所示，该剖面莫霍面深度介于 52～55km 之间，自北向南莫霍面深度逐渐增大(图 4-22)。

2)莫霍面反演

为获得异常值与莫霍面深度值之间的关系，对所选取的 5 条深度剖面，按每隔 30km 取样，共取得 62 个莫霍面深度值，然后提取和这些点相对应的布格重力向上延拓不同尺度异常值进行分析。

经过反复对比与分析，结果显示(图 4-38)布格重力向上延拓 50km 异常值与这些莫霍面深度值之间对应关系最好，其关系如图 4-39 所示。

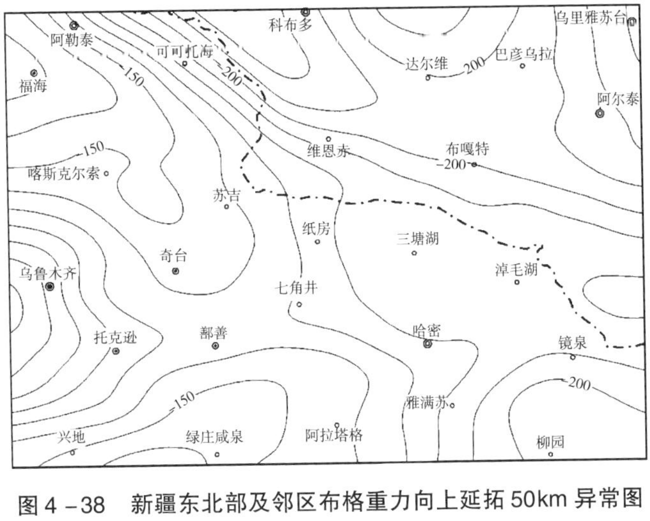

图 4-38　新疆东北部及邻区布格重力向上延拓 50km 异常图

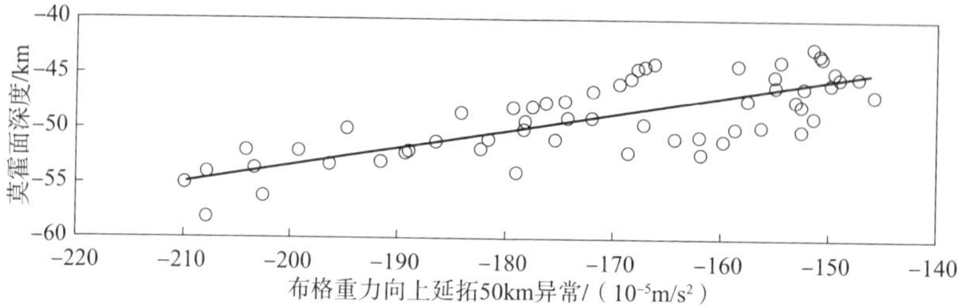

图 4 – 39　新疆东北部及邻区布格重力向上延拓异常与莫霍面深度关系图

黑色实线为拟合趋势线

令莫霍面深度值为 $f(x)$，布格重力向上延拓 50km 异常值为 x，则两者之间存在如下关系式：

$$f(x) = 0.1503x - 23.124 \tag{4-2}$$

式中，x 为布格重力向上延拓 50km 异常值，$10^{-5}\,m/s^2$；$f(x)$ 为莫霍面深度值，km。

利用上述关系式，计算了吐哈盆地及邻区莫霍面深度，并利用已知深度值进行局部调整，反演结果如图 4 – 40 所示，该结果与袁学诚等编制的莫霍面深度图比较接近，但是显然多了更多莫霍面局部变化的信息。

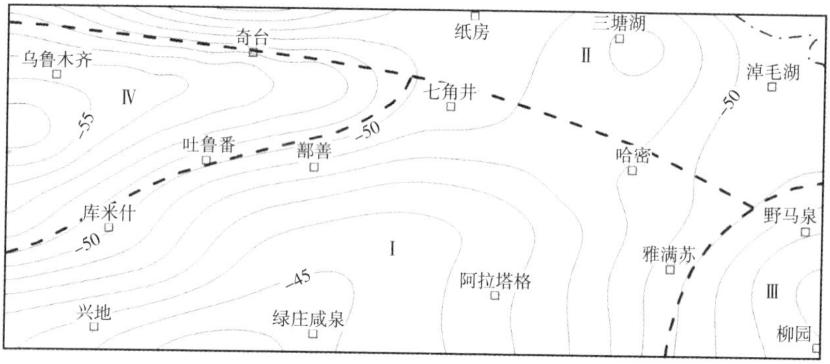

图 4 – 40　吐哈盆地及邻区莫霍面深度及分区图

2. 莫霍面分区特征

莫霍面深度图（图 4 – 40）显示，吐哈盆地及邻区莫霍面深度介于 43.4 ~ 56.5km 之间，最浅处位于南部绿庄咸泉西侧，最深处位于西部乌鲁木齐西南侧。该区莫霍面深度具有明显的分区性，总体可分为兴地 – 哈密莫霍面隆起区（Ⅰ）、纸坊 – 淖毛湖莫霍面隆起区（Ⅱ）、柳园莫霍面坳陷区（Ⅲ）及乌鲁木齐莫霍面坳陷区（Ⅳ）4 个区带。

1）兴地－哈密莫霍面隆起区（Ⅰ）

该莫霍面隆起区位于南部兴地－哈密一带，等值线向南开口未闭合，主体部分包括吐哈盆地、东天山构造带及塔里木北缘构造带。该区莫霍面向上隆起，最浅处位于绿庄咸泉西侧，约－43.4km。虽然该莫霍面隆起区走向不甚明显，但是其北侧发育有北东东向的梯级带、东侧发育有北北东向的梯级带。地形高程（图2－1）显示，兴地－绿庄咸泉为地表抬升区，而该处莫霍面深度却是该区最浅，表明该处可能并不存在明显的山根，地壳处于不均衡状态。

2）纸坊－淖毛湖莫霍面隆起区（Ⅱ）

该莫霍面隆起区位于东北部纸坊－淖毛湖一带，等值线向北、向东开口未闭合，主体部分包括准噶尔盆地、博格达－哈尔里克褶皱带东段、东准噶尔－南蒙古褶皱带。该区莫霍面向上隆起，最浅处位于奇台北侧，约－46.8km。根据莫霍面向上隆起程度，该区可分为奇台北较高幅度隆起区及纸房－淖毛湖低幅度隆起区。乌鲁木齐北－奇台一线发育一条规模较大、梯度陡的梯级带，准噶尔盆地南缘可能存在莫霍面错断现象。地形高程（图2－1）显示，纸房－野马泉一线，即哈尔里克山一带，莫霍面并未显示出明显的向下坳陷，表明哈尔里克山也可能不存在明显的山根，地壳处于不均衡状态。

3）柳园莫霍面坳陷区（Ⅲ）

该莫霍面坳陷区位于东南角柳园一带，基本和北山相对应。该区等值线向南、向东呈开口状未闭合，最深处位于柳园北侧，约－54.3km。该区西侧及北侧皆发育有梯级带，但是梯度较为平缓。该区地形高程（图2－1）显示为地表抬升区，表明北山具有较为明显的山根，地壳相对稳定。

4）乌鲁木齐莫霍面坳陷区（Ⅳ）

该莫霍面坳陷区位于西部乌鲁木齐一带，宏观呈近东西向走向，主体基本对应博格达山及依连哈比尔尕山东段。该区等值线向西呈开口状未闭合，最深处位于乌鲁木齐西南侧，约－56.5km。该区北缘及东南缘皆发育梯度较陡的梯级带，表明该区北缘及东南缘可能存在莫霍面错断现象。自东向西，莫霍面深度呈逐渐增大的特征，并且地形高程（图2－1）显示该区为高山区，表明博格达山和依连哈比尔尕山都存在显著的山根，但是博格达山的山根规模偏小，可能博格达山一带地壳仍然处于不均衡状态。

3. 莫霍面与盆地、造山带关系

吐哈盆地周缘主要涉及北天山造山带、觉罗塔格造山带、中天山造山带以及南天山造山带(图4-41)。

吐哈盆地及邻区莫霍面深度及盆地、造山带叠合图(图4-41)显示，北山造山带主要位于莫霍面坳陷区，塔里木北缘活动带位于莫霍面隆起区，中天山造山带两端位于莫霍面坳陷区，中部位于莫霍面隆起区，南天山造山带主要位于莫霍面坳陷区南坡，觉罗塔格造山带西段位于莫霍面隆起区，东段位于莫霍面坳陷区北坡，吐哈盆地主要位于莫霍面隆起区北坡，北天山造山带西段位于莫霍面坳陷区，东段主要位于莫霍面平缓区，准噶尔盆地位于莫霍面隆起区南坡，东准噶尔造山带主要位于莫霍面隆起区，三塘湖盆地主要位于莫霍面平缓区。

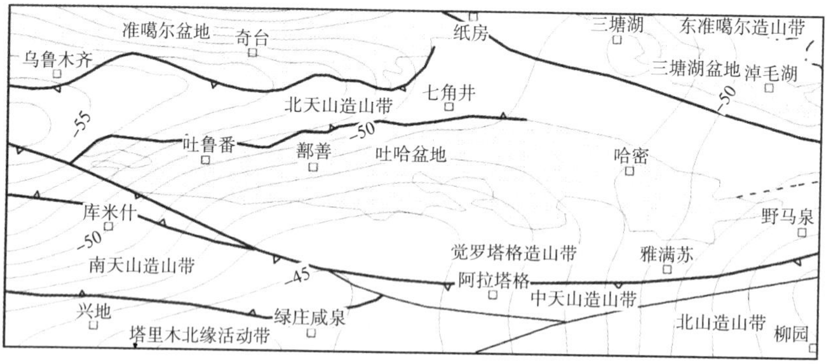

图4-41 吐哈盆地及邻区莫霍面深度及盆地、造山带叠合图(构造单元据任纪舜等，1999)

灰色区域为盆地范围

该区莫霍面深度变化特征表明，区内主要发育兴地-阿拉塔格、奇台北两个莫霍面显著隆起带，纸房-淖毛湖一个莫霍面相对隆起带，其他区域皆为莫霍面坳陷带。除了北山造山带总体与莫霍面坳陷区对应外，其他造山带与莫霍面坳陷区或者隆起区并不对应，说明这些造山带区域深部构造较为复杂。

吐哈盆地与准噶尔盆地之间为北天山造山带西段所隔断，而准噶尔盆地莫霍面总体向南倾，吐哈盆地莫霍面总体向北倾，显然，北天山造山带西段莫霍面较深，可能表明北天山造山带西段南、北两侧的断裂纵向上切割较深，吐哈盆地及准噶尔盆地的形成演化明显受地壳深部结构的影响。

第五节 岩浆岩分布特征

前述局部重力高异常解释结果，Gh046、Gh052、Gh060、Gh066、Gh087、Gh096等6个重力高异常(表4-1)、局部重力低异常解释结果，以及Gl004、Gl013、Gl017、Gl019、Gl020、Gl021、Gl022、Gl023、Gl024、Gl029、Gl034、

Gl036、Gl039、Gl040、Gl043、Gl045、Gl048、Gl054、Gl056、Gl057、Gl088、Gl093 等 22 个重力低异常（表 4－2）、局部磁力异常解释结果表明，M003、M008、M009、M010、M011、M018、M019、M020、M024、M025、M027、M028、M033、M034、M035、M038、M039、M041、M042、M044、M045、M046、M047、M048、M049、M050、M052、M053、M055、M056、M057、M060、M061、M065、M071、M072、M073、M074、M075、M076、M079、M081、M082、M083、M084、M086、M087、M088、M089、M090、M092、M093、M094、M095、M096、M098、M100、M101、M104、M107、M110、M111、M112、M114、M115、M129、M130、M131、M135、M142 等 70 个磁力高异常（表 4－3）可能主要为不同时代、不同岩性的火成岩所引起，基于这些解释结果，结合地表出露的火成岩，可以圈定吐哈盆地及邻区的隐伏火成岩分布范围，结果如图 4－42 所示。

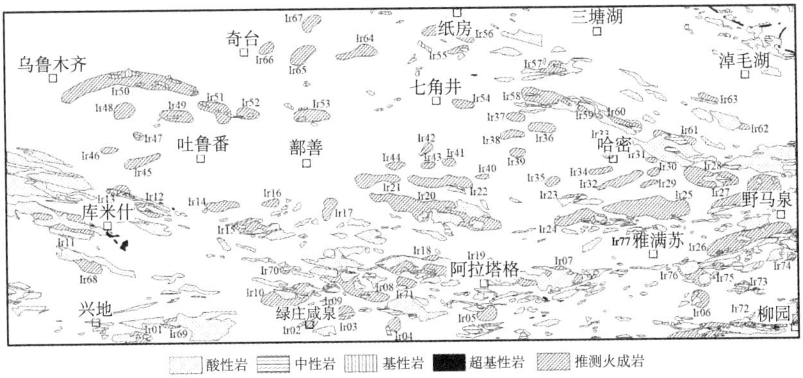

图 4－42　吐哈盆地及邻区火成岩分布图

南部库米什－阿拉塔格－野马泉、东部纸坊－野马泉及东北角淖毛湖东北侧一带发育有大面积的酸性岩及中性岩，时代主要为石炭纪、泥盆纪、二叠纪；北部乌鲁木齐－七角井、纸坊、西部库米什、南部兴地、阿拉塔格、柳园、野马泉北侧、东北角淖毛湖北侧一带发育出露面积较小、有明显走向，或者呈串珠状的基性岩，时代主要为石炭纪、泥盆纪；西部库米什、南部阿拉塔格、柳园、北部七角井东侧一带发育泥盆纪蛇绿岩。结合已有地球物理、地质研究成果，对该区隐伏火成岩进行了初步定性分析（表 4－4）。为了深入分析该区隐伏火成岩特征，分别将隐伏火成岩与局部磁力异常（图 4－43）、局部重力异常（图 4－44）、断裂构造（图 4－45）进行了叠合。

表 4-4 隐伏火成岩特征一览表

编号	岩体特征	局部磁力异常特征	局部重力异常特征	地表地质概况	推测原因
Ir01	呈不规则形状，向南有延伸趋势，面积约 234.8km^2	磁力高异常，幅值较高，梯度较陡	总体显示为重力高异常，幅值较低，梯度平缓	主要出露青白口纪钾长花岗岩、古元古界兴地塔格群、第四系	位于塔里木北缘构造带，推测为酸性岩
Ir02	呈近等轴状，面积约 192.6km^2	磁力高异常，幅值较高，梯度较陡	重力高异常，幅值较低，梯度平缓	主要出露中元古界长城系、蓟县系、石炭纪花岗岩、志留系	位于塔里木北缘构造带，推测为酸性岩
Ir03	呈近椭圆状，近东西向展布，面积约 222.1km^2	磁力高异常，近东西走向，幅值高，梯度陡	重力高异常梯度带，梯度较缓	主要出露中元古界长城系、蓟县系、志留纪花岗岩、志留系	位于塔里木北缘构造带，推测为酸性岩
Ir04	呈不规则形状，面积约 150.6km^2	磁力高异常，幅值高，梯度陡	重力低异常梯度带，梯度较缓	主要出露寒武系、奥陶系、志留系	位于塔里木北缘构造带，推测为酸性岩
Ir05	呈近椭圆状，近东西向展布，面积约 280.0km^2	磁力高异常，近东西走向，幅值高，梯度陡	重力低异常梯度带，梯度较缓	主要出露新近系、古近系、石炭纪花岗岩、中元古界蓟县系、第四系、石炭纪闪长岩	位于塔里木北缘构造带，推测为酸性岩
Ir06	呈近椭圆状，北西向展布，面积约 276.4km^2	磁力高异常，北西走向，幅值较高，梯度较陡	“北高南低”梯度带，梯度较缓	主要出露志留系、寒武系、新元古界青白口系、石炭纪花岗岩、第四系、	位于北山构造区，推测为酸性岩
Ir07	呈不规则形状，近东西向展布，面积约 818.7km^2	东部为磁力高异常，近东西走向，幅值较高，梯度较陡；西部为磁力低异常，北西向走向，幅值较低，梯度较缓	总体显示为重力低异常，幅值较低，梯度较缓	主要出露石炭纪花岗岩、中元古界长城系、石炭系、第四系、石炭纪闪长岩	位于东天山构造带，推测为酸性岩

续表

编号	岩体特征	局部磁力异常特征	局部重力异常特征	地表地质概况	推测原因
Ir08	呈条带状，近东西向展布，面积约830.6km^2	东部为磁力高异常，近东西走向，幅值高，梯度陡；西部为磁力低异常，近东西走向，幅值较低，梯度较缓	总体显示为重力低异常，幅值较高，梯度较陡	主要出露蓟县系、志留系、泥盆系、石炭纪花岗岩、闪长岩、志留系、石炭系	位于东天山构造带，推测为中性岩
Ir09	呈不规则形状，近东西向展布，面积约127.7km^2	磁力高异常，近东西走向，幅值较高，梯度较陡	重力低异常，幅值较低，梯度平缓	主要出露石炭纪花岗岩、石炭纪辉长岩、泥盆系、志留系、中元古界长城系	位于东天山构造带，推测为酸性岩
Ir10	呈近椭圆状，近东西向展布，面积约887.9km^2	东部为磁力高异常，近东西走向，幅值较高，梯度较陡；西部为重力低异常，幅值较低，梯度较缓	总体显示为重力低异常，幅值较低，梯度平缓	主要出露泥盆系、石炭系、石炭纪花岗岩、石炭系、二叠纪钾长花岗岩、志留系	位于东天山构造带，推测为酸性岩
Ir11	呈条带状，近东西向展布，面积约1246.3km^2	总体显示为磁力高异常，北西西走向，幅值较高，梯度较陡	重力低异常，幅值较高，梯度较陡	主要出露泥盆纪花岗岩、石炭纪花岗岩、第四系、泥盆系、新近系、古近系	位于东天山构造带，推测为酸性岩
Ir12	呈条带状，近东西向展布，面积约251.6km^2	北部为磁力高异常，近东西走向，幅值高，梯度陡；南部为磁力低异常，近东西走向，幅值高，梯度陡	总体显示为重力低异常，幅值较低，梯度平缓	主要出露中元古界长城系、泥盆纪花岗闪长岩、二叠纪钾长花岗岩、泥盆纪闪长岩、志留纪花岗岩、泥盆纪闪长岩	位于东天山构造带，推测为酸性岩

续表

编号	岩体特征	局部磁力异常特征	局部重力异常特征	地表地质概况	推测原因
Ir13	呈不规则形状，近东西向展布，面积约208.5km^2	磁力高异常，近东西走向，幅值较高，梯度较陡	“南高北低”梯度带，梯度较陡	主要出露第四系、石炭纪辉长岩、志留纪花岗岩、泥盆纪辉长岩、奥陶系	位于东天山构造带，推测为基性岩
Ir14	呈不规则形状，近东西向展布，面积约289.1km^2	磁力高异常，近东西走向，幅值较高，梯度较陡	两端重力高异常，中间重力低异常，幅值较高，梯度较陡	主要出露石炭系、侏罗系	位于觉罗塔格褶皱带，推测为酸性岩
Ir15	呈不规则形状，近东西向展布，面积约567.9km^2	总体显示为磁力高异常，近东西走向，幅值较高，梯度较陡	总体显示为重力低异常，幅值较低，梯度平缓	主要出露石炭系、石炭纪花岗岩、三叠系、二叠纪花岗岩、二叠系、泥盆系	位于觉罗塔格褶皱带，推测为中酸性岩
Ir16	呈不规则形状，面积约109.7km^2	磁力高异常，幅值高，梯度陡	重力高异常，幅值较高，梯度较陡	主要出露第四系、石炭系、侏罗系	位于觉罗塔格褶皱带，推测为中性岩
Ir17	呈不规则形状，近南北向展布，面积约248.0km^2	磁力高异常，近南北走向，幅值极高，梯度极陡	重力高异常，幅值较高，梯度较陡	主要出露石炭系、第四系、二叠系	位于觉罗塔格褶皱带，推测为中性岩
Ir18	呈长条状，近东西向展布，面积约1422.3km^2	总体显示为磁力高异常，近东西走向，幅值高，梯度陡	总体显示为重力高异常，幅值较低，梯度较缓	主要出露石炭纪花岗闪长岩、石炭系、中元古界长城系	位于觉罗塔格褶皱带，推测为酸性岩
Ir19	呈近椭圆状，近东西向展布，面积约400.5km^2	磁力高异常，近东西走向，幅值高，梯度陡	“东高西低”梯度带，梯度较缓	主要出露古近系、新近系、石炭系、石炭纪花岗岩	位于觉罗塔格褶皱带，推测为酸性岩

续表

编号	岩体特征	局部磁力异常特征	局部重力异常特征	地表地质概况	推测原因
Ir20	呈长条状，北西西向展布，面积约1823.2km^2	磁力高异常，北西西走向，幅值极高，梯度极陡	重力高异常，幅值较高，梯度较陡	主要出露古近系、新近系、泥盆纪花岗岩、石炭纪钾长花岗岩、泥盆系、侏罗系、志留系、奥陶系	位于觉罗塔格褶皱带，推测为中酸性岩
Ir21	呈不规则形状，近东西向展布，面积约452.4km^2	磁力高异常，近东西走向，幅值高，梯度陡	重力高异常，幅值高，梯度陡	主要出露古近系、新近系、第四系	位于觉罗塔格褶皱带，推测为中酸性岩
Ir22	呈长条状，近东西向展布，面积约647.5km^2	磁力高异常，近东西走向，幅值极高，梯度极陡	重力高异常，幅值高，梯度陡	主要出露泥盆系、志留系、三叠系、古近系、新近系、第四系、石炭纪闪长岩	位于觉罗塔格褶皱带，推测为中酸性岩
Ir23	呈不规则形状，近东西向展布，面积约662.8km^2	磁力高异常，近东西走向，幅值高，梯度极陡	重力高异常，幅值高，梯度较陡	主要出露石炭纪花岗岩、石炭纪闪长岩、泥盆系	位于觉罗塔格褶皱带，推测为中酸性岩
Ir24	呈不规则形状，近东西向展布，面积约615.1km^2	磁力高异常，近东西走向，幅值高，梯度陡	重力高异常，幅值高，梯度较陡	主要出露第四系、侏罗系、石炭系、石炭纪花岗岩、石炭纪闪长岩	位于觉罗塔格褶皱带，推测为中酸性岩
Ir25	呈不规则形状，近东西向展布，面积约1382.3km^2	磁力高异常，近东西走向，幅值高，梯度陡	总体显示为条带状重力低异常，幅值高，梯度陡	主要出露第四系、新近系、古近系、泥盆系、石炭纪闪长岩、石炭纪钾长花岗岩	位于觉罗塔格褶皱带，推测为中酸性岩
Ir26	呈长条状，北东东向展布，面积约1213.6km^2	磁力高异常，北东东走向，幅值较高，梯度较陡	总体显示为重力低异常，幅值较高，梯度较陡	主要出露新生界、石炭系，中部分布有二叠纪钾长花岗岩、石炭纪花岗岩	位于觉罗塔格褶皱带，推测为酸性岩

续表

编号	岩体特征	局部磁力异常特征	局部重力异常特征	地表地质概况	推测原因
Ir27	呈不规则形状，北东东向展布，面积约1153.2km²	磁力高异常，北东东走向，幅值较高，梯度较陡	“两高夹一低”特征，幅值高，梯度陡	主要出露第四系、石炭系、泥盆系、二叠系、侏罗系，北部有3个石炭纪花岗岩、1个石炭纪辉长岩，南部有石炭纪闪长岩、花岗岩	位于觉罗塔格褶皱带，推测为中酸性岩
Ir28	呈不规则形状，北西西向展布，面积约861.1km²	磁力高异常，北西西走向，幅值较高，梯度较陡	重力高异常，幅值较高，梯度较陡	主要出露第四系、石炭纪斜长花岗岩、石炭纪闪长岩、石炭系	位于吐哈盆地与博格达-哈尔里克褶皱带结合部位，推测为中酸性岩
Ir29	呈条带状，北东东向展布，面积约84.8km²	磁力高异常，北东东走向，幅值较高，梯度较陡	重力低异常，幅值较高，梯度较陡	主要出露第四系	位于吐哈盆地，推测为酸性岩
Ir30	呈不规则形状，面积约87.3km²	磁力高异常，幅值高，梯度陡	重力高异常，幅值较低，梯度较缓	主要出露第四系	位于吐哈盆地，推测为酸性岩
Ir31	呈不规则形状，近东西向展布，面积约52.7km²	磁力高异常，近东西走向，幅值较高，梯度较陡	重力低异常，幅值较高，梯度较陡	主要出露第四系、石炭纪花岗岩	位于吐哈盆地，推测为酸性岩
Ir32	呈条带状，北东东向展布，面积约350.4km²	磁力高异常，北东东走向，幅值极高，梯度极陡	总体显示为重力高异常，幅值较高，梯度较陡	主要出露第四系	位于吐哈盆地，推测为酸性岩
Ir33	呈不规则形状，面积约357.0km²	磁力高异常，幅值高，梯度陡	总体显示为重力低异常，幅值较高，梯度较缓	主要出露第四系	位于吐哈盆地，推测为酸性岩

续表

编号	岩体特征	局部磁力异常特征	局部重力异常特征	地表地质概况	推测原因
Ir34	呈条带状，北东东向展布，面积约 132.8km^2	磁力高异常，北东东走向，幅值高，梯度陡	总体显示为重力高异常，幅值较低，梯度较缓	主要出露第四系	位于吐哈盆地，推测为酸性岩
Ir35	呈近椭圆状，北东东向展布，面积约 115.2km^2	磁力高异常，北东东走向，幅值较高，梯度较陡	重力低异常，幅值较高，梯度较陡	主要出露第四系、古近系	位于吐哈盆地，推测为酸性岩
Ir36	呈条带状，近东西向展布，面积约 259.8km^2	磁力高异常，近东西西走向，幅值高，梯度陡	总体显示为重力高异常，幅值较高，梯度较陡	主要出露第四系	位于吐哈盆地，推测为酸性岩
Ir37	呈不规则形状，近东西向展布，面积约 149.7km^2	磁力高异常，近东西走向，幅值较高，梯度较陡	重力低异常，幅值较高，梯度较陡	主要出露第四系、二叠系	位于吐哈盆地，推测为酸性岩
Ir38	呈不规则形状，北东东向展布，面积约 171.5km^2	磁力高异常，北东东走向，幅值较高，梯度陡	总体显示为重力高异常，幅值较高，梯度较陡	主要出露新近系、古近系	位于吐哈盆地，推测为酸性岩
Ir39	呈不规则形状，近东西向展布，面积约 125.8km^2	磁力高异常，近东西走向，幅值较高，梯度较陡	重力低异常，幅值较低，梯度较缓	主要出露第四系、新近系、古近系	位于吐哈盆地，推测为酸性岩
Ir40	呈不规则形状，近东西向展布，面积约 60.3km^2	磁力高异常，近东西走向，幅值较高，梯度陡	“南高北低”梯度带，梯度较陡	主要出露新近系、古近系	位于康古尔塔格断裂带，推测为酸性岩
Ir41	呈不规则形状，近东西向展布，面积约 99.2km^2	磁力高异常，近东西走向，幅值高，梯度陡	“北高南低”梯度带，梯度较缓	主要出露第四系、新近系、古近系	位于吐哈盆地，推测为酸性岩

续表

编号	岩体特征	局部磁力异常特征	局部重力异常特征	地表地质概况	推测原因
Ir42	呈不规则形状，北东向展布，面积约 110.5km^2	磁力高异常，北东走向，幅值高，梯度陡	“东高西低”梯度带，梯度较缓	主要出露第四系、新近系、古近系、侏罗系	位于吐哈盆地，推测为酸性岩
Ir43	呈不规则形状，近东西向展布，面积约 86.6km^2	磁力高异常，近东西走向，幅值高，梯度陡	重力低异常，幅值较低，梯度较缓	主要出露第四系、新近系、古近系	位于康古尔塔格断裂带，推测为酸性岩
Ir44	呈不规则形状，近东西向展布，面积约 120.7km^2	磁力高异常，近东西走向，幅值高，梯度陡	“东高西低”梯度带，梯度较陡	主要出露第四系、新近系、古近系	位于康古尔塔格断裂带，推测为酸性岩
Ir45	呈条带状，北东向展布，面积约 298.5km^2	磁力高异常，北东走向，幅值高，梯度陡	“北高南低”梯度带，梯度陡	主要出露第四系、石炭系、新近系、古近系	位于吐哈盆地，推测为酸性岩
Ir46	呈不规则形状，近东西向展布，面积约 100.4km^2	磁力高异常，近东西走向，幅值较高，梯度较陡	重力低异常，幅值较高，梯度较陡	主要出露石炭系、三叠系、侏罗系、第四系	位于吐哈盆地，推测为酸性岩
Ir47	呈不规则形状，北西向展布，面积约 75.8km^2	磁力高异常，北西走向，幅值较高，梯度较陡	“西北高东南低”梯度带，梯度较陡	主要出露石炭系、石炭纪花岗岩、二叠系	位于博格达南缘断裂带，推测为酸性岩
Ir48	呈近椭圆状，北东东向展布，面积约 297.2km^2	磁力高异常，北东东走向，幅值较高，梯度较缓	重力低异常，幅值较高，梯度较陡	主要出露侏罗系、白垩系、新近系、第四系	位于博格达-哈尔里克褶皱带，推测为酸性岩
Ir49	呈条带状，近东西向展布，面积约 367.2km^2	磁力高异常，近东西走向，幅值高，梯度陡	“东北高西南低”梯度带，梯度陡	主要出露石炭系、二叠系、石炭纪钾长花岗岩、三叠系	位于博格达-哈尔里克褶皱带，推测为酸性岩

续表

编号	岩体特征	局部磁力异常特征	局部重力异常特征	地表地质概况	推测原因
Ir50	呈长条状，近东西向展布，面积约1835.6km²	磁力高异常，近东西走向，幅值高，梯度陡	重力高异常，幅值极高，梯度较陡	主要出露石炭系、石炭纪辉绿玢岩、第四系	位于博格达-哈尔里克褶皱带，推测为基性岩
Ir51	呈不规则形状，北西西向展布，面积约466.2km²	磁力高异常，北西西走向，幅值极高，梯度极陡	“两高夹一低”特征，幅值较低，梯度较缓	主要出露石炭系、石炭纪辉绿玢岩	位于博格达-哈尔里克褶皱带，推测为基性岩
Ir52	呈不规则形状，近东西向展布，面积约229.4km²	磁力高异常，近东西走向，幅值极高，梯度极陡	“两端高中间低”特征，幅值较低，梯度较缓	主要出露石炭系、石炭纪辉绿玢岩、石炭纪石英闪长岩	位于博格达-哈尔里克褶皱带，推测为酸性岩、基性岩
Ir53	呈条带状，近东西向展布，面积约397.1km²	磁力高异常，近东西走向，幅值高，梯度陡	总体显示为重力高异常，幅值较高，梯度较缓	主要出露石炭系、石炭纪闪长岩	位于博格达-哈尔里克褶皱带，推测为中性岩
Ir54	呈不规则形状，近东西向展布，面积约180.8km²	磁力高异常，近东西走向，幅值较高，梯度较缓	总体显示为重力高异常，幅值较高，梯度较陡	主要出露石炭系	位于博格达-哈尔里克褶皱带，推测为酸性岩
Ir55	呈条带状，北东东向展布，面积约114.0km²	磁力高异常，北东东走向，幅值较高，梯度较陡	重力高异常，幅值较高，梯度较陡	主要出露奥陶系、石炭纪钾长花岗岩、泥盆系	位于博格达-哈尔里克褶皱带，推测为酸性岩
Ir56	呈条带状，近东西向展布，面积约560.1km²	磁力高异常，近东西走向，幅值较高，梯度较陡	重力高异常，幅值较高，梯度较陡	主要出露石炭系、第四系、石炭纪钾长花岗岩	位于博格达-哈尔里克褶皱带、准噶尔盆地、东准噶尔-南蒙古褶皱带结合部位，推测为酸性岩
Ir57	呈不规则形状，面积约296.4km²	磁力高异常，幅值较高，梯度较缓	总体显示为重力高异常，幅值较低，梯度较缓	主要出露泥盆系、二叠纪二长花岗岩、石炭系	位于博格达-哈尔里克褶皱带，推测为酸性岩

续表

编号	岩体特征	局部磁力异常特征	局部重力异常特征	地表地质概况	推测原因
Ir58	呈条带状，北西西向展布，面积约613.9km²	磁力高异常，北西西走向，幅值较高，梯度较陡	总体显示为重力高异常，幅值较高，梯度较陡	北部主要出露第四系及石炭系，南部主要出露石炭纪花岗岩、泥盆系	位于博格达－哈尔里克褶皱带，推测为酸性岩
Ir59	呈不规则形状，北西西向展布，面积约154.3km²	磁力高异常，北西西走向，幅值较高，梯度较陡	重力高异常，幅值较高，梯度较缓	主要出露石炭纪花岗岩、泥盆系	位于博格达－哈尔里克褶皱带，推测为酸性岩
Ir60	呈条带状，北西西向展布，面积约238.7km²	磁力高异常，北西西走向，幅值较高，梯度较陡	重力高异常，幅值较高，梯度较陡	主要出露奥陶系、石炭纪花岗岩、石炭纪闪长岩、泥盆系	位于博格达－哈尔里克褶皱带，推测为中酸性岩
Ir61	呈条带状，北西西向展布，面积约445.3km²	磁力高异常，北西西走向，幅值较高，梯度较陡	东部为重力高异常，西部为重力低异常，幅值较高，梯度较陡	主要出露石炭纪闪长岩、石炭纪花岗岩、泥盆系、泥盆纪花岗岩	位于博格达－哈尔里克褶皱带，推测为中酸性岩
Ir62	呈不规则形状，北西西向展布，面积约90.4km²	磁力高异常，北西西走向，幅值较低，梯度平缓	重力低异常，幅值较高，梯度较陡	主要出露第四系、石炭纪钾长花岗岩、石炭系	位于博格达－哈尔里克褶皱带，推测为酸性岩
Ir63	呈条带状，北西西向展布，面积约116.7km²	磁力高异常，北西西走向，幅值较低，梯度平缓	重力高异常，幅值较高，梯度较缓	主要出露石炭系、石炭纪闪长岩	位于东准噶尔－南蒙古褶皱带，推测为中性岩
Ir64	呈不规则形状，北东东向展布，面积约359.3km²	磁力高异常，北东东走向，幅值高，梯度陡	重力高异常，幅值较高，梯度较陡	主要出露第四系	位于准噶尔盆地，推测为酸性岩
Ir65	呈不规则形状，北东向展布，面积约355.3km²	磁力高异常，北东走向，幅值极高，梯度陡	总体显示为重力高异常，幅值较高，梯度较陡	主要出露第四系	位于准噶尔盆地，推测为酸性岩

续表

编号	岩体特征	局部磁力异常特征	局部重力异常特征	地表地质概况	推测原因
Ir66	呈近椭圆状，北东向展布，面积约 136.3km²	磁力高异常，北东走向，幅值较高，梯度较陡	总体显示为重力低异常，幅值较高，梯度较陡	主要出露第四系	位于准噶尔盆地，推测为酸性岩
Ir67	呈不规则形状，北东向展布，面积约 230.3km²	磁力高异常，北东走向，幅值高，梯度陡	重力高异常，幅值较高，梯度较陡	主要出露第四系、新近系、侏罗系、石炭系	位于准噶尔盆地，推测为酸性岩
Ir68	呈条带状，北西向展布，面积约 455.8km²	总体显示为磁力高异常，近东西走向，幅值较低，梯度缓	重力低异常，幅值较高，梯度较陡	主要出露第四系、石炭纪钾长花岗岩、石炭系	位于东天山构造带，推测为酸性岩引起
Ir69	呈不规则形状，北东东向展布，面积约 208.8km²	总体显示为磁力低异常，近东西走向，幅值低，梯度缓	重力低异常，幅值低，梯度缓	主要出露第四系、青白口纪花岗岩、石炭纪花岗岩、第四系	位于塔里木北缘构造带，推测为酸性岩引起
Ir70	呈近等轴状，面积约 89.2km²	磁力低异常，近东西走向，幅值低，梯度缓	重力低异常，幅值低，梯度缓	主要出露长城系、石炭纪花岗岩、钾长花岗岩	位于东天山构造带，推测为酸性岩引起
Ir71	呈不规则形状，北西西向展布，面积约 152.6km²	磁力低异常，近东西走向，幅值较高，梯度较陡	重力低异常，幅值低，梯度缓	主要出露长城系、蓟县系、石炭纪钾长花岗岩	位于东天山构造带，推测为酸性岩引起
Ir72	呈长条状，北东东向展布，面积约 1704.9km²	磁力异常复杂变化区，幅值低，梯度缓	重力低异常，幅值较低，梯度较缓	主要出露新近系、石炭纪花岗岩、泥盆纪石英闪长岩、三叠纪二长花岗岩、第四系、寒武系、蓟县系	位于北山构造区，推测为酸性岩引起
Ir73	呈近椭圆状，北东向展布，面积约 128.9km²	磁力高异常，北东走向，幅值较低，梯度较缓	总体显示为重力高异常，幅值低，梯度缓	主要出露泥盆纪闪长岩、橄榄岩、志留纪斜长花岗岩、第四系、青白口系、志留系	位于北山构造区，推测为基性-超基性岩引起

续表

编号	岩体特征	局部磁力异常特征	局部重力异常特征	地表地质概况	推测原因
Ir74	呈近等轴状，面积约 38.7km^2	磁力高异常，幅值低，梯度缓	重力高异常，幅值较高，梯度较陡	主要出露青白口纪花岗岩、石炭纪闪长岩、志留纪花岗岩、长城系	位于红柳河断裂带，推测为酸性岩引起
Ir75	呈近椭圆状，近东西向展布，面积约 66.5km^2	磁力高异常，幅值低，梯度缓	重力低异常，幅值低，梯度缓	主要出露青白口纪花岗岩、石炭纪闪长岩、钾长花岗岩	位于东天山构造带，推测为酸性岩引起
Ir76	呈条带状，北西向展布，面积约 497.3km^2	总体显示为磁力低异常，近东西走向，幅值较低，梯度缓	重力低异常，幅值较低，梯度较缓	主要出露泥盆纪花岗岩、钾长花岗岩、蓟县系、石炭系、二叠系、寒武系、石炭纪花岗岩	主要位于东天山构造带，推测为酸性岩引起
Ir77	呈不规则形状，北西向展布，面积约 435.3km^2	总体显示为磁力高异常，近东西走向，幅值较低，梯度较缓	重力低异常，幅值高，梯度陡	主要出露二叠纪钾长花岗岩、二叠系、石炭系、石炭纪闪长岩、第四系	位于觉罗塔格褶皱带，推测为酸性岩引起

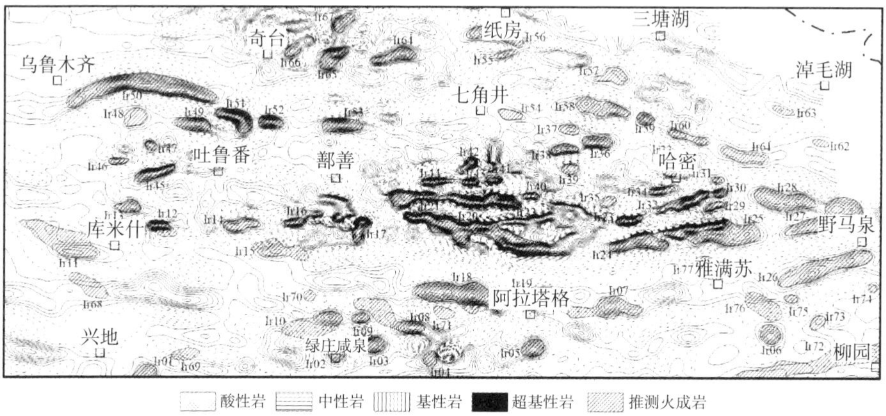

图 4-43 吐哈盆地及邻区局部磁力异常及推测火成岩分布图

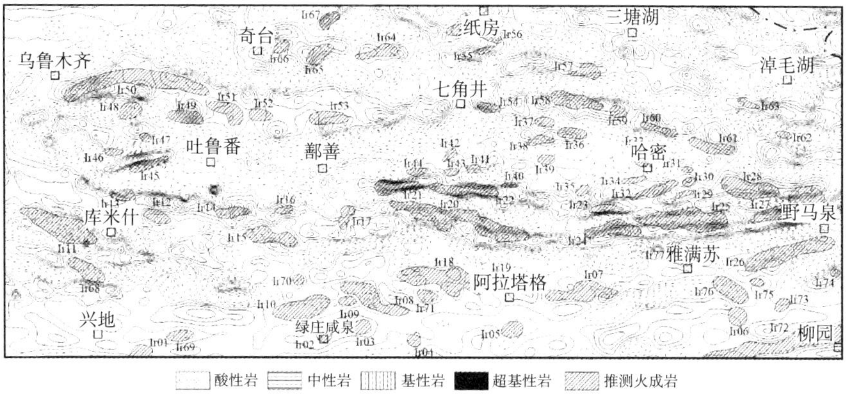

图4－44　吐哈盆地及邻区局部重力异常及推测火成岩分布图

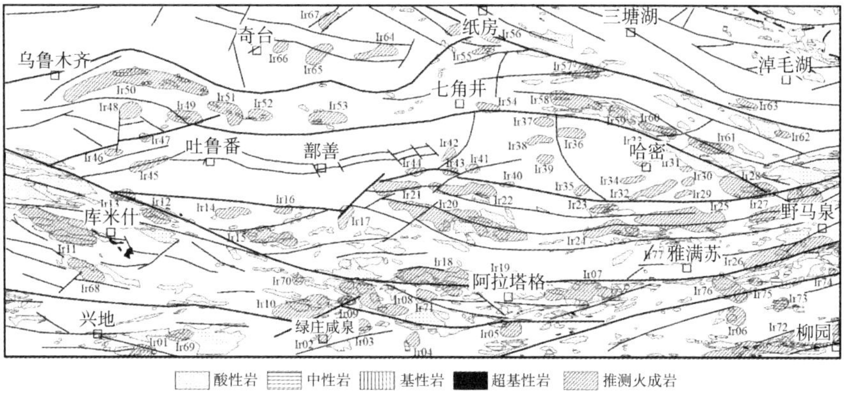

图4－45　吐哈盆地及邻区断裂构造及火成岩分布图

该区隐伏火成岩主要分布于南部绿庄咸泉－阿拉塔格、中部库米什－哈密、北部乌鲁木齐－纸坊一带，这些区域地表往往出露大面积不同时代、不同岩性的火成岩。这些隐伏火成岩分布与局部磁力异常或者局部重力异常范围相吻合，表明这些隐伏火成岩的磁性及密度较为复杂；部分隐伏火成岩分布范围同时与局部重力异常及局部磁力异常的分布范围相对应，表明这些局部重力及磁力异常可能为同源异常。该区岩浆岩多为不规则形状、条带状或者近椭圆状，展布方向较为复杂，往往与区域构造格局一致。这些隐伏火成岩多与出露的火成岩相伴生，地表主要出露有石炭纪花岗岩、石炭纪钾长花岗岩、石炭纪斜长花岗岩、石炭纪闪长岩、石炭纪辉绿玢岩、泥盆纪花岗岩、泥盆纪花岗闪长岩、三叠纪花岗岩、二叠纪斜长花岗岩、二叠纪钾长花岗岩、石炭纪花岗岩、泥盆纪蛇绿岩、二叠纪超基性－基性杂岩。隐伏火成岩推断解释结果表明，该区隐伏火成岩岩性主要为酸性岩、中性岩以及基性岩，时代可能主要为石炭纪、二叠纪以及泥盆纪。

第六节 构造分区特征

一、划分依据

地壳长期的发展演化形成了不同的地质构造单元，地质构造单元的构造位置、构造特征、物质组成及其与相邻构造单元的接触关系，在不同的地质发展阶段中具有不同的构造属性和地质意义(王广瑞，1996)。在构造理论指导下，划分构造单元是对地质构造基本认识的结果。

地壳是经过漫长地质历史演化的结果，其构造单元复杂。李廷栋指出，岩石圈构造单元的划分，一方面，需要充分考虑岩石圈的地球物理场、地球化学场及构造应力场的特征；另一方面，也需要地质与地球物理、地球化学特点相结合，深部地质与地表地质相结合(李廷栋，2006)。主要基于6条原则：①具有统一的地球物理场特征；②具有相似的地球化学场特征；③具有明显的构造界线；④具有地壳表层地质构造的雷同性；⑤具有相似的岩石圈结构构造；⑥具有统一的构造应力场特征。

构造单元的划分，应在重视岩石圈宏观格架特征的同时，不仅强调其地球物理与地球化学特征、地壳表层与岩石圈深部特征、区域地质与区域应力特征，而且更要关注区域对局部的约束及深层对浅层的制约。

因此，吐哈盆地及邻区构造单元的划分，在综合考虑该区的重力场特征、磁力场特征及前人研究结果后，对区内构造单元进行了综合划分。

二、构造单元特征

大地构造单元划分可以直接服务于资源预测需求，也可以作为地质灾害评估、油气盆地分析、成矿地质背景研究的基点，是大地构造研究成果的表达形式之一(潘桂棠等，2009)。一个大区域尺度的地球物理异常、地球化学异常、岩石构造组合、地壳物质组成的地域，就是一个大地构造单元。需要全面考虑不同地区的总体地质构造特征来进行大地构造单元的划分，特别需要充分考虑大地构造单元内地质构造的发展演化历史(刘训等，2012)。实际上，若全面考虑某一地质时期所形成的变质作用、岩浆组合、沉积建造及各种相关的成矿作用，大地构造单元的划分显然变得更加困难并且更加复杂。不同的地质工作者掌握不同的资料，且每个地质工作者掌握的资料也总有限，并且不同的地质工作者可能认可不同的学派或者观点，所以迄今为止，新疆东北部的构造单元划分方案并不统一。新疆地区大地构造划分主要以基于板块构造理论，不同划分方案间的差异主要表现为内部次级构造单元属性认识以及各板块间具体界线确定的差异(董连慧等，2010)。

根据前述对重力场、磁力场、断裂构造、局部构造、深部结构等特征的研究，结合地表地质信息及前人研究成果，对吐哈盆地及邻区进行了综合研究，共划分出8个构造单元，即塔里木北缘构造带、北山构造区、东天山构造带、觉罗塔格褶皱带、吐哈盆地、博格达－哈尔里克褶皱带、准噶尔盆地及东准噶尔－南蒙古褶皱带(图4－46)。其中，布格重力异常、局部重力异常、磁力化极异常、局部磁力异常、地形高程与构造分区之间的关系如图4－47～图4－51所示，莫霍面深度、居里面深度与构造分区之间的关系分别如图4－52、图4－53所示。

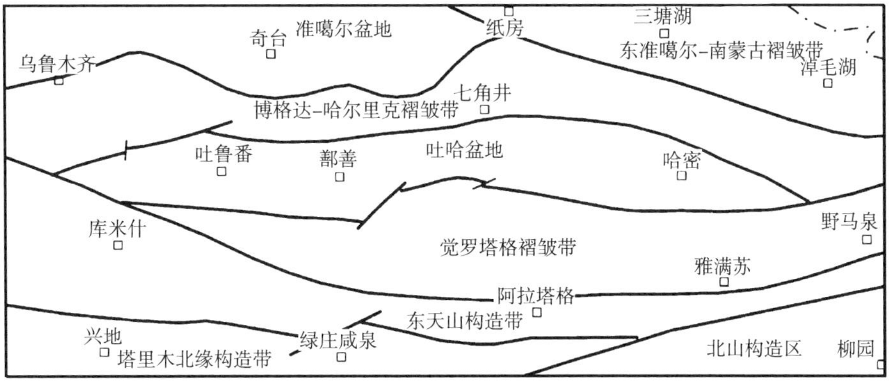

图4－46　吐哈盆地及邻区构造分区图

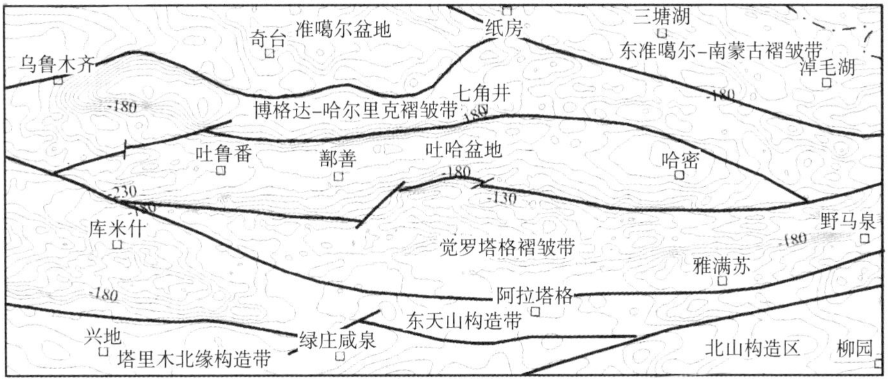

图4－47　吐哈盆地及邻区布格重力异常及构造分区图

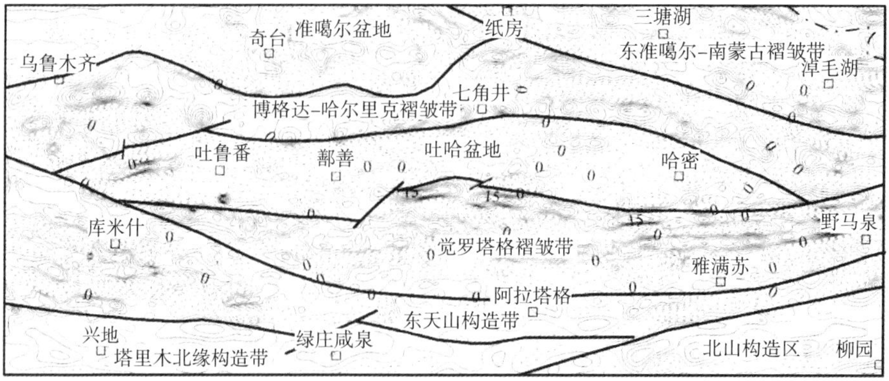

图 4－48　吐哈盆地及邻区局部重力异常及构造分区图

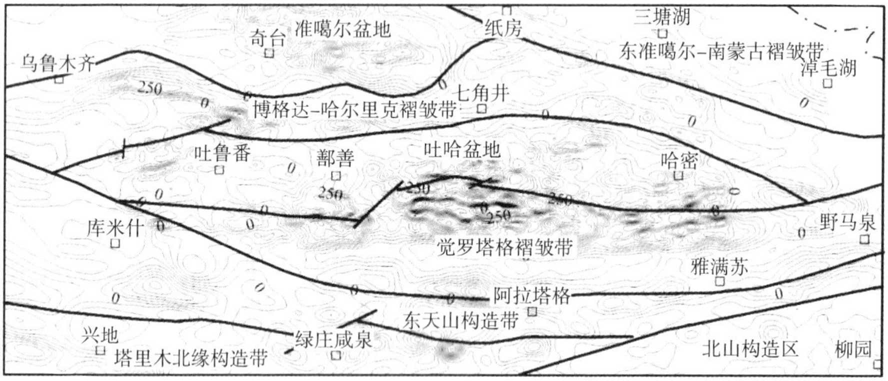

图 4－49　吐哈盆地及邻区磁力化极异常及构造分区图

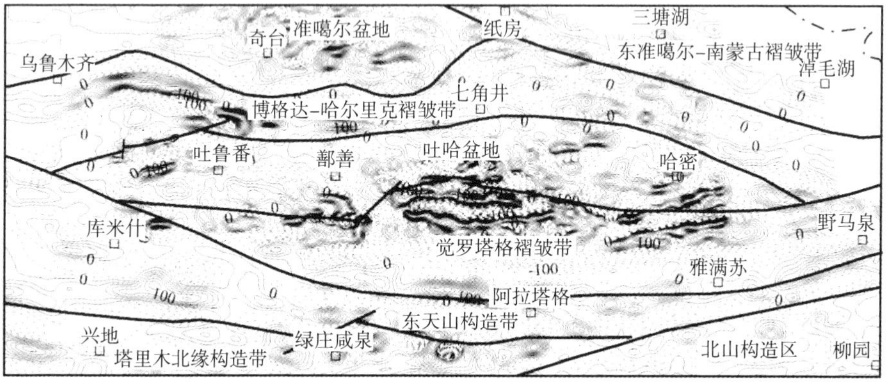

图 4－50　吐哈盆地及邻区局部磁力异常及构造分区图

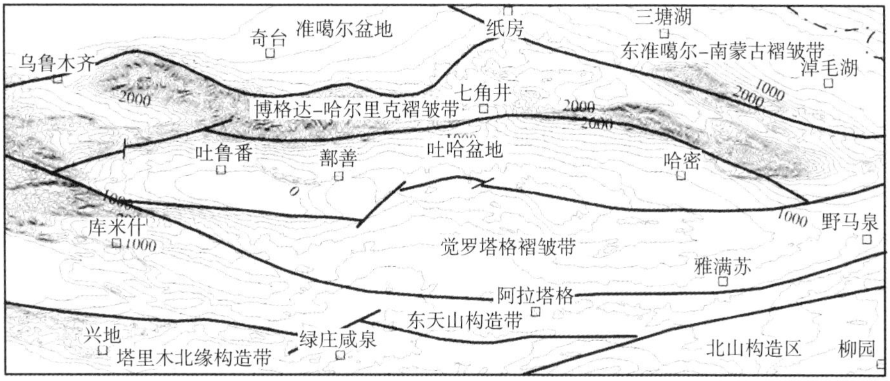

图 4-51　吐哈盆地及邻区地形高程及构造分区图

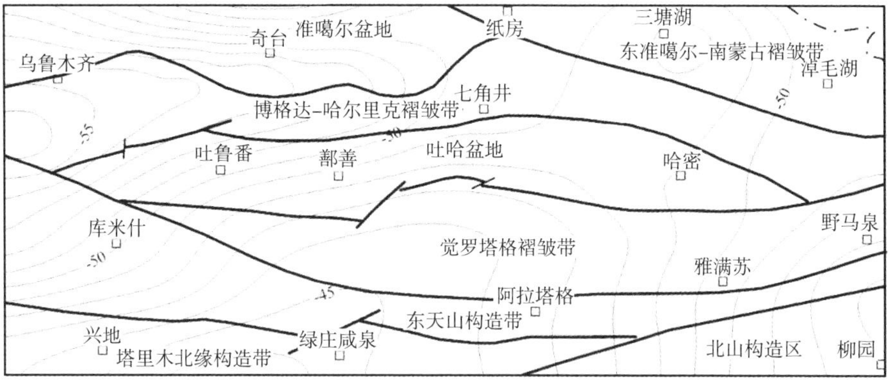

图 4-52　吐哈盆地及邻区莫霍面深度及构造分区图

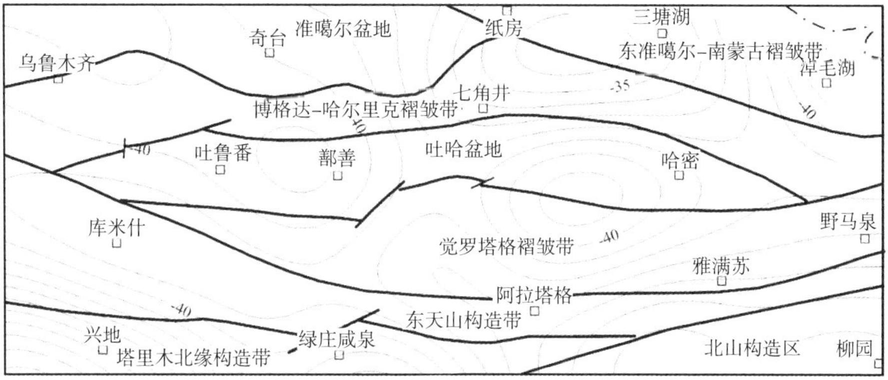

图 4-53　吐哈盆地及邻区居里面深度及构造分区图

1）塔里木北缘构造带

该构造带位于西南部塔里木东北缘库鲁克塔格山一带，向西、向南有延伸趋势，北界为辛格尔断裂(F1)，东至红柳河断裂(F2)，宏观呈近东西走向。地表地质图显示该构造带北部地表主要出露前寒武系及酸性岩，南部则主要出露新生界，兴地北侧及绿庄咸泉东侧有部分下古生界出露，东部发育零星分布的中性岩。

该构造带布格重力异常呈高值区，宏观呈近东西走向，东部异常值比西部低些，北侧发育有显著的重力异常梯级带。局部重力异常显示该构造带西部为近东西向的局部重力高异常，东部局部重力高异常不甚明显。磁力化极及局部磁力异常显示该构造带总体为高值带，西部北侧为低值带。莫霍面深度图显示该构造带处于地幔上隆区，地壳厚度相对较薄，最薄位于该构造带中部，约43.5km(图4-52)。居里面深度图显示该构造带处于居里面坳陷区，最深处位于兴地西侧，约-49.3km(图4-53)。

2)北山构造区

该构造区位于东南部北山一带，延展于新疆、甘肃两省(区)，北界为红柳河断裂(F2)宏观呈北东东走向。地表地质图显示该构造带西部主要出露新生界，东部主要出露酸性岩、前寒武系及上古生界，红柳河断裂一带有部分下古生界出露，柳园一带发育有超基性岩，岩浆岩发育区亦见基性岩及中性岩零星分布。

该构造区布格重力异常呈低值区，宏观呈北东东走向，东部异常值比西部低，发育有明显的重力异常梯级带。局部重力异常显示该构造带为北东东向的局部重力高异常。磁力化极异常显示为异常低值区，总体较为平静，而局部磁力异常则显示发育多个局部磁力高异常。莫霍面深度图显示为该构造带处于地幔下陷区，地壳相对较厚，最厚处位于柳园北侧，约54.2km(图4-52)。居里面深度图显示该构造带处于居里面上隆区，最浅位于柳园，约-33.3km(图4-53)。

3)东天山构造带

该构造带位于南部，向西、向东有延伸趋势，北界为雅满苏断裂(F3)，南界为辛格尔断裂(F1)及红柳河断裂(F2)，宏观呈北西西-近东西-北东东走向。地表地质图显示该构造带明显分为东段、中段、西段。西段北部地表主要出露前寒武系、下古生界及酸性岩，南部地表主要出露新生界，中部发育有上古生界、酸性岩及小面积的超基性岩。中段地表主要出露前寒武系及酸性岩，阿拉塔格一带有部分上古生界出露，绿庄咸泉东北一带亦有上古生界及下古生界出露。东段地表主要出露酸性岩，上古生界及新生界亦有部分发育。另外，该构造带内亦见中性岩及基性岩零星分布。

布格重力异常图显示该构造带可分为东段、中段以及西段；西段及东段为重力异常低值区，中段为重力异常高值区；西段南、北两侧明显发育重力异常梯级带。局部重力异常显示该构造带宏观为局部重力异常低带，仅西段北部发育明显的局部重力高异常。局部磁力异常特征明显，宏观上显示为异常低值区，仅西部、南部发育多个局部磁力高异常。莫霍面深度图显示该构造带中部上隆，而东、西部下坳，最浅处位于绿庄咸泉北侧，约 -44.5km，西部最深处位于该构造带最西端，约 -56.1km，东部最深处位于野马泉南侧，约 -54.1km（图 4 - 52）。居里面深度图显示该构造带为上隆区，东部总体上比西部浅，最浅处位于雅满苏西南侧，约 -34.2km（图 4 -53）。

4）觉罗塔格褶皱带

该褶皱带位于中部，向东有延伸趋势，北界为康古尔塔格断裂（F4），南界为雅满苏断裂（F3），宏观呈近东西走向。地表地质图显示该构造带明显可以分为东、中、西 3 段。西段地表主要出露上古生界及酸性岩，中段主要出露新生界，东段则主要出露酸性岩。野马泉及绿庄咸泉北侧一带发育部分前寒武系，褶皱带中部发育部分下古生界及中生界。另外，该褶皱带内亦见中性岩及基性岩零星分布。

布格重力异常图显示该褶皱带表现为重力异常高值带，并且北部异常值总体上高于南部异常值，北部及中部发育明显的重力异常梯级带。局部重力异常图显示，该褶皱带特征非常明显，北部为局部重力异常高值带，南部为局部重力异常低值带。该褶皱带内磁力化极及局部磁力异常显示为异常低值带，南侧边界表现为显著的串珠状磁异常带。莫霍面深度图显示该褶皱带西部为上隆区，东部为斜坡带，总体上西部比东部浅，最浅处位于鄯善南侧，约 -45.2km（图 4 - 52）。居里面深度图显示该褶皱带总体上处于斜坡带，自南向北深度逐渐增大，最深处位于阿拉塔格东北侧，约 -41.5km（图 4 -53）。

5）吐哈盆地

该盆地位于中部，北界为博格达南缘断裂（F5），南界为康古尔塔格断裂（F4），宏观呈近东西走向。地表地质图显示该盆地主要为新生界出露，吐鲁番西侧一带发育部分上古生界及中生界，哈密东侧一带发育部分酸性岩。该盆地鄯善一带发育近东西向展布的条带状中生界。

除了中南部为明显的异常高值带外，该盆地布格重力及局部重力异常总体上显示为重力异常低值带，南、北两侧发育规模较大的重力异常梯级带。磁力化极及局部磁力异常特征非常明显，总体上表现为磁力异常高值区，南、北两侧发育规模较大的磁力异常梯级带。莫霍面深度图显示该盆地处于斜坡带，自南向北深度逐渐增大，最深处位于吐鲁番西侧，约 -54.6km(图 4-52)。居里面深度图显示为“2 低 1 高”特征，即鄯善下坳区、哈密下坳区及中部上隆区，最深处位于哈密西侧，约 -41.5km(图 4-53)。

6)博格达-哈尔里克褶皱带

该褶皱带位于北部，向东、向西有延伸趋势，基本上和博格达山及哈尔里克山向对应，北界为博格达北缘断裂(F6)及克拉美丽断裂(F7)，南界为博格达南缘断裂(F5)，宏观呈近东西走向。地表地质图显示该褶皱带可分为东段及西段两个部分，西段地表主要为上古生界出露，东段地表主要为新生界及酸性岩出露。西段发育串珠状的基性岩带，东段发育部分上古生界、下古生界及中性岩。

该褶皱带布格重力及局部重力异常特征明显，可分为东、中、西 3 部分。中部重力异常显示为高值带，基本上和博格达山相对应；西端显示为重力异常低值区；东部重力异常显示为复杂变化区，但总体上比其南、北两侧异常值高。该褶皱带重力异常南、北两侧发育规模较大、梯度较陡的重力异常梯级带。除了博格达山西段发育有显著的磁力异常高值带外，该褶皱带宏观上呈异常低值区。另外，哈尔里克山一带发育多个北西西向的长条状局部磁力异常。莫霍面深度图表现该褶皱带为西部下坳区及东部上隆区，最深处位于乌鲁木齐西南侧，约 -56.5km，东部最浅处位于哈密北侧，约 -48.2km(图 4-52)。除了空白区之外，居里面深度图显示该构造带为西部下坳区及东部上隆区，最浅处位于七角井东北侧，约 -33.5km，最深处位于鄯善北侧，约 -41.2km(图 4-53)。

7)准噶尔盆地

该盆地位于西北部，向西、向北有延伸趋势，基本上和准噶尔盆地东部相对应，南界为博格达北缘断裂(F6)，宏观呈北西西走向。地表地质图显示该构造带主要为新生界出露，仅南缘一带有部分上古生界、中生界出露。

布格重力异常显示该盆地东部为重力异常高值区，西部为自北向南异常逐渐降低的重力异常斜坡区，并且南、北两侧发育明显的重力异常梯级带。局部重力异常总体表现为北部局部异常高值带、南部局部异常低值带。另外，奇台一带发育局部重力异常高。磁力化极及局部磁力异常特征非常明显，总体上表现为磁力异常高值区，南、北两侧发育规模较大的磁力异常梯级带。莫霍面深度图表现该盆地为自北向南深度逐渐加深的斜坡区，最浅处位于奇台北侧，约 -46.8km(图 4-52)。居里面深度图显示为下坳区，最深处位于最西端，约 -42.1km(图 4-53)。

8)东准噶尔 - 南蒙古褶皱带

该褶皱带位于东北部，向北、向东有延伸趋势，南界为克拉美丽断裂(F7)，宏观呈北西西走向。地表地质图显示该褶皱带主要为新生界及古生界出露，其西部及东部亦发育部分酸性岩及中生界。

除了三塘湖、淖毛湖南侧一带发育有条带状重力异常高外，该褶皱带总体上表现为条带状重力异常低。磁力化极及局部磁力异常宏观上表现为磁力异常低值带，仅三塘湖、淖毛湖一带发育有多个团块状磁力高异常。莫霍面深度图显示该褶皱带总体表现为上隆区，并且西部比东部埋深浅，最浅处位于三塘湖，约 -47.8km(图 4 -52)。居里面深度图明显分为西部上隆区及东部下坳区，最浅处位于纸房东侧，约 -33.3km，最深处位于淖毛湖东侧，约 -44.7km(图 4 -53)。

第五章　有关地质问题的讨论

第一节　对岩(矿)石磁性特征的再认识

利用已有的磁性参数测量资料，前人对于吐哈盆地及邻区岩(矿)石磁性参数特征开展了大量统计工作，结果认为该区中部及南部部分地区岩浆岩多期活动，超基性、基性、中性、酸性均有，岩(矿)石磁性变化范围较大，中、新生界磁化率相对较低，而古生界及前寒武系磁化率则相对较高。然而，对于该区岩(矿)石磁性特征等方面的认识，前人仍然存在一些分歧。

为了深入探讨吐哈盆地及邻区岩(矿)石磁性特征，选取了吐鲁番中南部地区1∶5万航磁测量数据，通过对航磁化极异常进行异常的分离及垂向二阶导数异常的求取，深入分析了航磁化极异常、区域磁力异常、局部磁力异常以及垂向二阶导数异常特征，综合研究地表地质信息与磁力异常间的关系，深入探讨岩(矿)石磁性特征。

一、地质及地球物理背景

1. 区域地质特征

吐鲁番中南部地区位于新疆维吾尔自治区的中东部，西起火烧岭，东至石英滩，北接火焰山，南抵库鲁克塔格，东西长度约150km，南北跨度约180km，面积约19680km^2。

吐鲁番中南部地形总体表现为“两高两低”特征，海拔高程介于－156～1970m之间，中部却勒塔格－红山及南部白虎山－梧桐沟一带为山区，北部艾丁湖－迪坎及克孜勒塔格－独峰山一带为低洼区(图5－1)。吐鲁番中南部处于多个构造单元结合部位，主要涉及南天山构造带、北天山构造带以及吐哈盆地(图5－2)。该区断裂构造复杂，主要断裂为中部红山一带的北西西向断裂，次一级断裂为南部近东西向断裂以及中部北北东向断裂(图5－3)。自南向北，断裂构造走向表现为由近东西向逐渐发育为北西向，而在却勒塔格－红山一带则转而发育为北北东向。

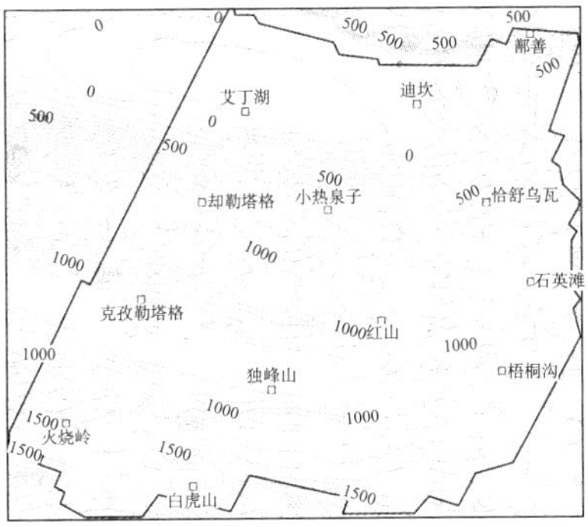

图5－1　吐鲁番中南部地区地形高程图

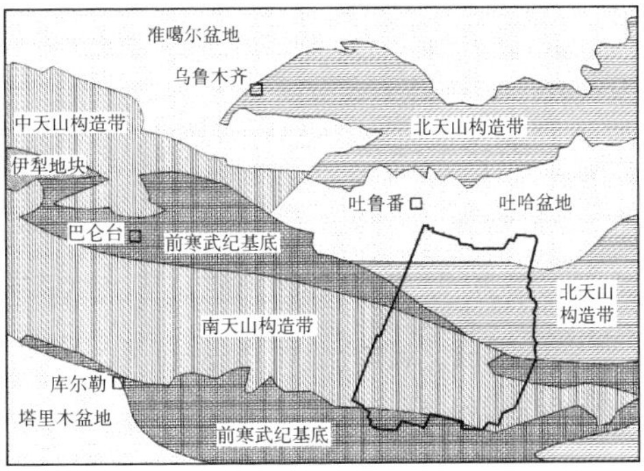

图5－2　吐鲁番中南部及邻区构造单元区划简图
(据董云鹏等修改，2006)

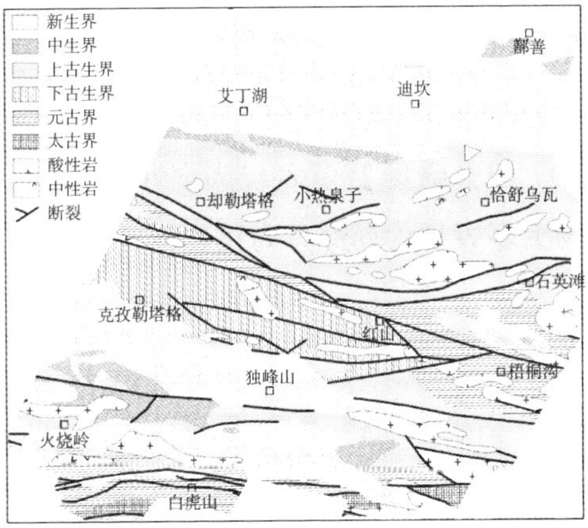

图5－3　吐鲁番中南部地区地质略图

该区出露地层从老到新依次有太古界、元古界、古生界、中生界以及新生界(图5－3)。太古界为片麻岩类，主要分布于该区南缘，为该区最古老的结晶基底；元古界发育有长城系、蓟县系、青白口系及震旦系，主要分布于该区南部白虎山一带及中部却勒塔格南－梧桐沟一带；古生界发育有志留系、泥盆系、石炭系及二叠系，大面积分布于该区中部，该区南部亦有小面积出露；中生界发育有侏罗系及白垩系，主要分布于该区南部火烧岭北、北部艾丁湖南、鄯善一带；新生界发育有古近系、新近系及第四系，大面积分布于该区南部独峰山及北部艾丁湖－迪坎一带，中部梧桐沟北侧亦有小面积出露。

区内岩浆活动频繁，侵入岩较为发育，以晚古生代中酸性岩为主，岩浆活动受构造控制，岩体长轴与构造走向一致，沿深大断裂两侧、褶皱轴部展布(杨雪等，2015)。该区岩浆岩主要发育于中部却勒塔格－梧桐沟一带，南部火烧岭－白虎山一带亦有小面积出露(图5－3)。除了火烧岭南部、红山东南部、克孜勒塔格北部、恰舒乌瓦西部发育有小面积的中性岩之外，其他出露的岩浆岩主要为蓟县纪、青白口纪、震旦纪、泥盆纪、石炭纪、二叠纪以及三叠纪的酸性岩。

2. *岩(矿)石磁性特征*

不同时代地层磁性资料统计结果表明，吐哈盆地及周缘第四系、新近系、古近系、白垩系、侏罗系、三叠系及上二叠统磁性总体偏弱，磁化率统计结果介于 $62.9\times10^{-5}\sim100.6\times10^{-5}$SI 之间；下二叠统、石炭系、泥盆系及志留系磁性总体偏强，磁化率统计结果介于 $184.8\times10^{-5}\sim798.2\times10^{-5}$SI 之间；前寒武系磁性总体较强，磁化率统计结果为 275.3×10^{-5}SI，磁场上可能表现为区域性低缓高磁异常。吐哈盆地及周缘泥盆系磁性远高于其他地层，磁化率统计结果为 798.2×10^{-5}SI，磁场上可能表现为区域性高磁异常。

该区岩浆岩多期活动，侵入岩主要形成于晚古生代，岩石磁性变化较大(张玄杰等，2012；杨雪等，2015)。一般来说，花岗岩磁性相对较弱，磁化率平均值多在 $16\times10^{-5}\sim1065\times10^{-5}$SI 之间。石英闪长岩、花岗闪长岩磁性较强，磁化率一般大于 1000×10^{-5}SI，若分布范围较大则会引起高磁异常。该区磁铁矿磁性最强，磁化率一般变化范围为 0.5 ~1SI，远远大于其他岩石的磁化率值，磁场上可以引起强度高、梯度陡的局部强磁异常；磁黄铁矿磁性较磁铁矿弱，一些含磁铁矿的磁黄铁矿磁化率值可达 10000×10^{-5}SI，磁场上多表现为弱小正磁异常。若中酸性侵入岩体为磁铁矿的围岩，磁场上多表现为局部升高正磁异常。

二、航磁异常特征及其成因分析

由于吐鲁番中南部地区纬度跨度较小(纬度差为 1.6°)，常规化极能满足较高的精度要求(张明华等，2011)，这里利用常规化极技术对航磁 ΔT 异常数据进行了化极，获得了航磁化极异常，其中化极参数为：地磁倾角 61.12°，地磁偏角 1.88°。局部磁力异常能突出反映局部地质体引起的磁力场效应，同样区域磁力异常能突出反映规模较大的地质体引起的磁力场效应。采用比较成熟的正则化滤波技术(安玉林和管志宁，1985)对航磁化极异常进行分离并获得了局部磁力异常和区域磁力异常。反复分析与对比不同滤波窗长所求取的结果，选择与该区出露岩体吻合较好的结果(滤波窗长为 15km)作为局部磁力异常的基本参考图件。垂向二阶导数异常对旁侧迭加异常或垂向迭加异常的反应更加敏感，所以亦常用来划分局部异常。采用罗森巴赫Ⅱ式计算了垂向二阶导数异常，对比局部磁力异常，选择 4km 计算半径的结果作为该区垂向二阶导数异常。

吐鲁番中南部地区航磁化极异常图[图 5 -4(a)]显示，磁力场具有明显的分区性。北部艾丁湖－迪坎一带宏观表现为一北西西向展布的磁力高值带，地表主要出露磁性相对较弱的新生界，区域性磁力高值可能主要由区域性磁性基底上隆引起；中部克孜勒塔格－梧桐沟一带宏观表现为区域性低值带，地表主要出露磁性相对较强的古生界、元古界，区域性磁力低值可能主要区域性磁性基底下坳引起，而古生界及元古界的磁性与地层磁性统计结果并不十分吻合；小热泉子－石英滩一带发育有多条宽度较窄、北东东向的串珠状磁异常带，可能主要由强磁性矿体或岩浆岩引起；南部为磁力异常复杂变化带，横向尺度较大的高磁异常带可能主要由磁性基底局部隆起引起，而宽度较窄的条带状或串珠状磁异常带则可能主要由强磁性矿体或岩浆岩引起。吐鲁番中南部地区区域磁力异常［图 5－4(b)］特征总体上与磁力化极异常［图 5－4(a)］特征一致，磁力场分区性更为明显。区域磁力异常压制了横向宽度较窄的异常，从而表现为横向尺度相对较大、梯度相对较缓的磁力异常。地表地质与区域磁力异常叠合图［图 5－4(f)］显示区域性磁力高值带主要位于北部艾丁湖－迪坎以及南部火烧岭－独峰山一带，而地表出露主要为新生界及古生界，区域性磁力高值可能主要由区域性磁性基底上隆引起。

吐鲁番中南部地区发育的局部磁力异常［图 5－4(c)］主要有 3 个特点：①自南向北总体上磁力高、磁力低成带相间分布；②磁力高、磁力低的平面形态多为长条状，东西向(北西西向、北东东向)长，南北向短；③异常走向总体上为北西西向及近东西向，仅在小热泉子－石英滩一带为北东东向。局部磁力异常的发育特征反映该区局部构造发育特征。北部艾丁湖－迪坎及中部克孜勒塔格南－独峰山一带局部磁力异常宽度相对较宽、梯度相对较缓，地表主要出露磁性相对较弱的新生界，局部磁力异常可能主要由局部凸起及凹陷引起；中部小热泉子－石英滩、南部白虎山－梧桐沟一带局部磁力异常宽度较窄、梯度较陡，地表主要出露古生界、元古界以及酸性岩，局部磁力高异常可能主要由强磁性矿体或岩浆岩引起。磁力垂向二阶导数异常［图 5－4(d)］特征与局部磁力异常［图 5－4(c)］特征基本一致，磁力异常形态、走向、平面特征等方面亦具有明显特点，进一步反映了该区局部构造发育特征。地表地质与局部磁力异常叠合图［图 5－4(e)］显示，局部磁力异常与该区断裂构造、区域地层、岩浆岩分布特征具有明显的相关关系。中部小热泉子－石英滩、红山－梧桐沟一带，南部白虎山－独峰山、梧桐沟南侧一带发育了大量宽度较窄的条带状或串珠状局部磁力异常，这些异常可能是断裂的标志特征；南部火烧岭、独峰山－梧桐沟南一带发育了幅值较高、梯度较陡的条带状局部磁力异常，这些异常则可能是隐伏磁性岩浆岩的标志特征。

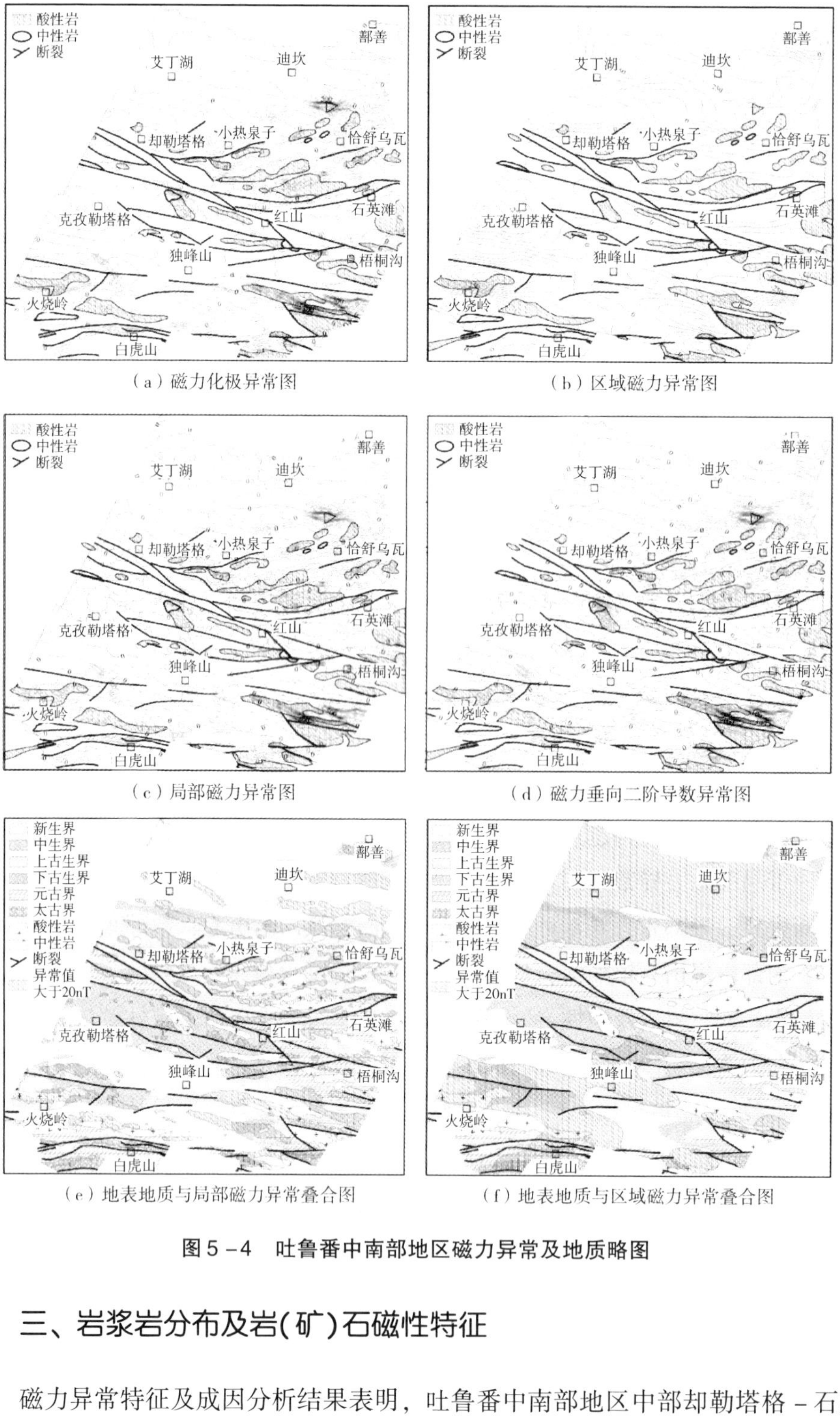

（a）磁力化极异常图　　（b）区域磁力异常图

（c）局部磁力异常图　　（d）磁力垂向二阶导数异常图

（e）地表地质与局部磁力异常叠合图　　（f）地表地质与区域磁力异常叠合图

图 5－4　吐鲁番中南部地区磁力异常及地质略图

三、岩浆岩分布及岩(矿)石磁性特征

磁力异常特征及成因分析结果表明，吐鲁番中南部地区中部却勒塔格－石英

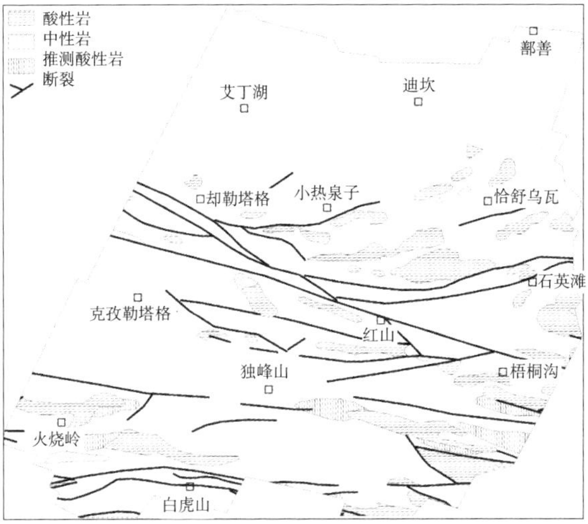

图 5－5　吐鲁番中南部地区岩浆岩及断裂分布图

滩一带出露岩浆岩与磁力异常分布特征相关性较差，南部火烧岭－梧桐沟南一带出露岩浆岩与磁力异常分布特征相关性较强，基于这些相关关系，圈定了 6 处隐伏的岩浆岩(图 5－5)。这 6 处隐伏岩浆岩推测为酸性岩，主要分布于南部火烧岭、独峰山东－梧桐沟南一带。

岩浆岩分布特征(图 5－5)表明，吐鲁番中南部地区岩浆岩非常发育，以晚古生代中酸性岩为主。岩浆岩发育主要为酸性岩，广泛分布于中部却勒塔格－石英滩一带及南部火烧岭－梧桐沟南一带；中性岩相对较为不发育，主要分布于西南部火烧岭南侧、中北部恰舒乌瓦西侧、中部克孜勒塔格北－红山一带。岩浆活动明显受构造控制，岩体长轴与构造走向一致。岩浆岩多呈长条状，走向主要表现为近东西向、北西西向及北东东向。

局部磁力异常、磁力垂向二阶导数异常与地表出露岩浆岩叠合图[图 5－4(c)(d)]显示，吐鲁番中南部地区 7 处地表出露的中性岩皆对应于磁力异常低值区。规模最小的中性岩的长 × 宽约为 4km × 2km，若中性岩呈非弱磁性，则在 1 : 5万的航磁资料中应显示为局部磁力高异常。显然，该区这些出露地表的中性岩并不对应局部磁力高异常，意味着区内中性岩表现为弱磁性。大致以独峰山－梧桐沟一线为界，该区酸性岩磁性表现为北弱南强。独峰山－梧桐沟一线以北，地表出露的酸性岩总体对应于局部磁力异常低值区，表明这些酸性岩的磁性总体偏弱；独峰山－梧桐沟一线以南，地表出露的酸性岩总体对应于局部磁力异常高值区，表明这些酸性岩的磁性总体偏强。

磁力异常特征及成因分析结果还表明，吐鲁番中南部地区太古界总体表现为较强磁性，元古界、古生界、中生界及新生界总体表现为弱磁性。太古界地表出露区域总体上对应于区域磁力异常高值区，而古生界及元古界地表出露区域总体上对应于区域磁力异常低值区。

第二节　对板块界线的再认识

吐哈盆地及邻区处于西伯利亚板块、哈萨克斯坦板块、塔里木板块等三大板块单元交汇处，然而不同的学者对各板块间具体界线的认识仍然存在分歧。肖序常等认为，哈萨克斯坦板块与西伯利亚板块之间的界线为克拉美丽断裂带，塔里木板块与哈萨克斯坦板块之间的界线则位于南天山及中天山南缘(图5－6)；赵文智等认为西伯利亚板块与哈萨克斯坦板块之间的界线为克拉美丽－麦钦乌拉缝合线，艾比湖－红柳河断裂带则为哈萨克斯坦板块与塔里木板块之间的界线；王广瑞及成守德等根据沉积－岩浆建造、构造地质演化特征等认为，西伯利亚板块与哈萨克斯坦板块之间的界线为恰尔斯克－玛因鄂博－布尔根板块缝合构造带，而哈萨克斯坦板块与塔里木板块之间的界线则为纳伦－那拉提－红柳河板块缝合构造带(图5－7)；任纪舜等认为阿尔泰造山带南缘阿勒泰南－布伦海尔汗一线存在北西西向的板块缝合带，在蒙古西部与王鸿祯等的认识一致(图5－8)，而吐哈盆地南侧存在横贯吐鲁番中南部地区的向南凸的板块缝合带；李锦轶等以板块缝合带为界将吐鲁番中南部地区划分为西伯利亚、哈萨克斯坦、塔里木及中朝等4个古板块，它们之间的缝合带分别为额尔齐斯－达拉布特－北天山、南天山等缝合带(图5－9)，这和前述几种观点的最大区别在于把准噶尔－吐鲁番微板块划分为西伯利亚板块的一部分。

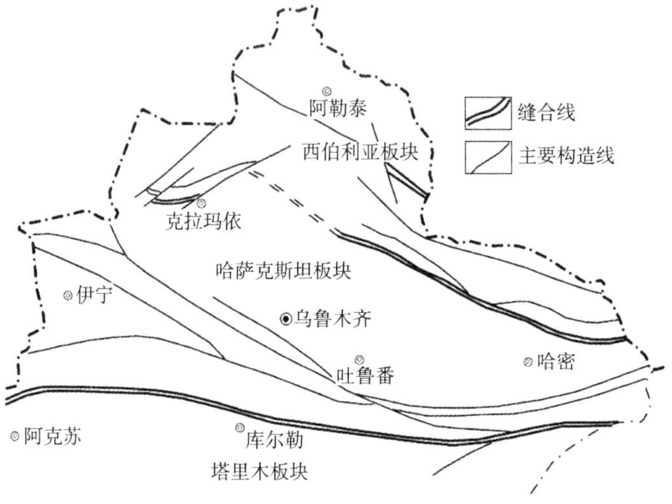

图5－6　新疆北部大地构造略图(据肖序常等，1992)

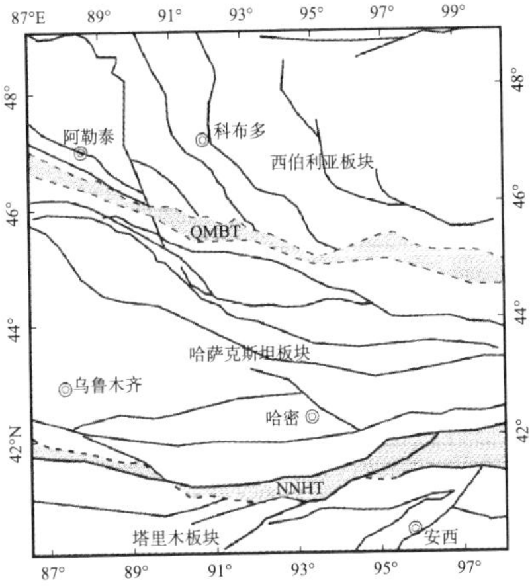

图 5－7　新疆北部及邻区大地构造略图
（据王广瑞，1996；成守德等，2001）

QMBT—恰尔斯克－玛因鄂博－布尔根板块缝合构造带；NNHT—纳伦－那拉提－红柳河板块缝合构造带；黑实线为主要断裂

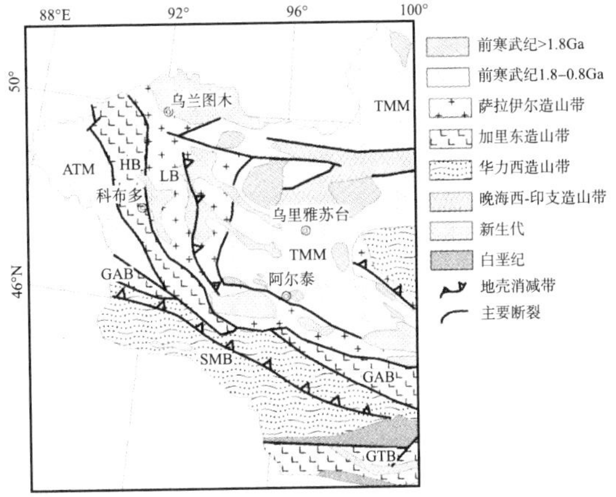

图 5－8　蒙古西部大地构造略图
（据王鸿祯等，2006）

TMM—图瓦－蒙古地块；ATM—阿尔泰地块；LB—湖南萨拉伊尔带；HB—科布多加里东带；GAB—戈壁－阿尔泰－曼达尔戈壁加里东带；GTB—戈壁－天山加里东带；SMB—南蒙古海西带

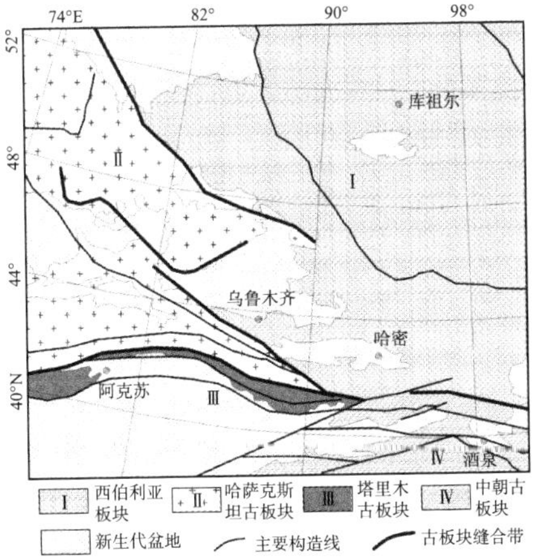

图 5－9　新疆北部及邻区构造分区图（据李锦轶等，2009）

哈萨克斯坦板块与塔里木板块之间的界线大致和雅满苏断裂带位置一致，该板块缝合带最显著的重磁场特征就是阿拉塔格－雅满苏－野马泉一线发育有一条宽约 35km、长约 600km 近东西走向的局部重力异常高值带（图 5－10）、串珠状磁异常带（图 5－11）、磁力化极向上延拓 50km 异常梯级带（图 5－12）。随着向上延拓高度的增大，该串珠状磁异常带越来越不明显，磁力化极向上延拓 25km 异常（图 5－13）图上仍然有明显的反映，磁力化极向上延拓 50km 异常（图 5－12）图上则基本消失，而磁力化极向上延拓 100km 异常图上则完全消失（图 5－14）。

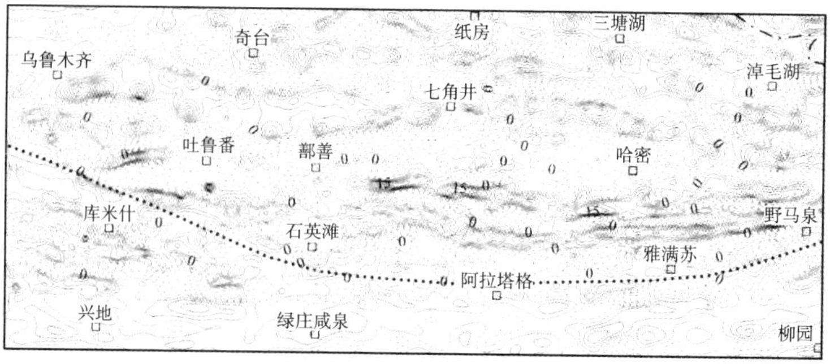

图 5－10　哈萨克斯坦与塔里木板块界线的局部重力异常高值带特征图

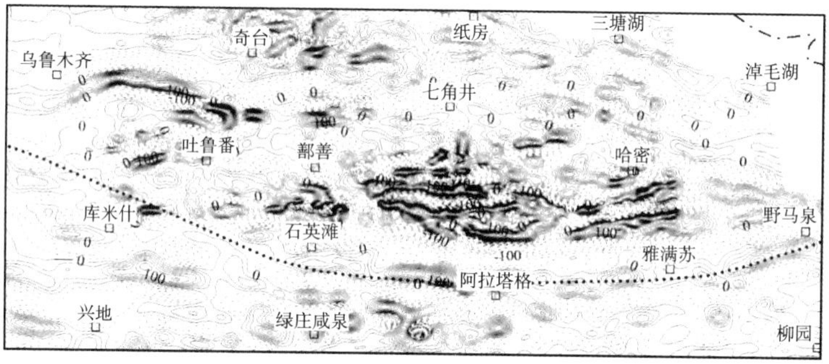

图 5－11　哈萨克斯坦与塔里木板块界线的串珠状磁异常带特征图

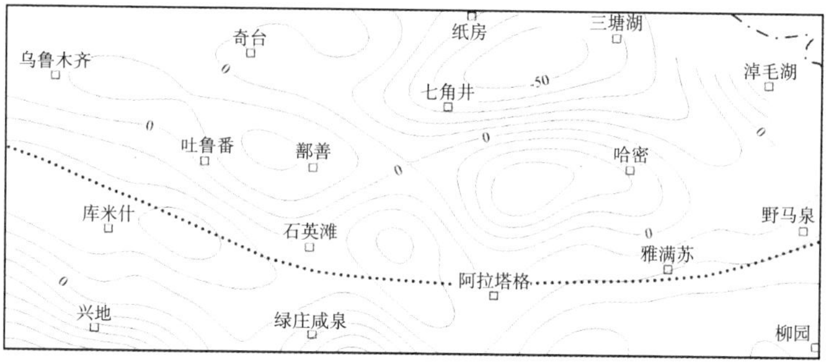

图 5－12　哈萨克斯坦与塔里木板块界线的磁力化极向上延拓 50km 异常特征图

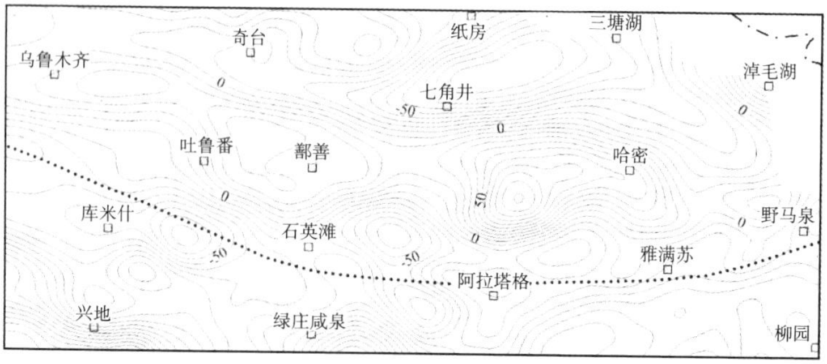

图 5－13　哈萨克斯坦与塔里木板块界线的磁力化极向上延拓 25km 异常特征图

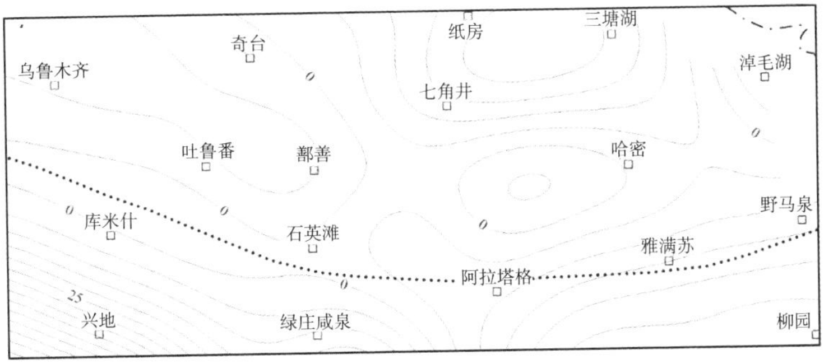

图 5－14　哈萨克斯坦与塔里木板块界线的磁力化极向上延拓 100km 异常特征图

哈萨克斯坦板块与塔里木板块之间界线的大地电场、地震波场、地表地质等亦存在明显特征。大地电磁测深资料表明，该板块缝合带明显处于上地幔低阻层深度变化的梯级带(图 5－15)。居里面深度反演结果显示，该板块缝合带基本位于居里面深度变化的梯级带。阿尔泰－阿尔金地学断面综合解释结果表明，该板块缝合带发育有大量高角度分布的酸性岩，并且于深约 20km 地壳中发育有基性岩，这些基性岩与酸性岩之间可能发育有多条岩浆通道。地表地质图显示，该缝合带具有明显特征，西段北侧地表主要分布上古生界、新生界及酸性岩、南侧地表主要分布前寒武系及酸性岩，东段北侧主要分布新生界及上古生界，南侧主要分布酸性岩及前寒武系。

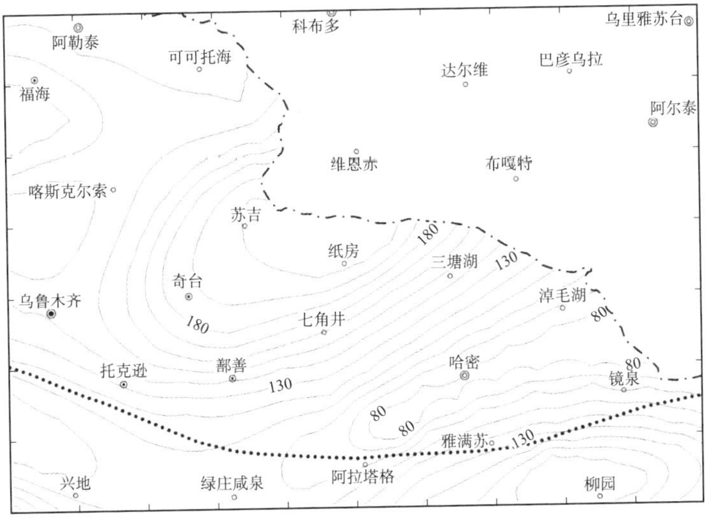

图 5－15　新疆东北部上地幔低阻层深度图(据李立，1996)

等值线单位：km

第三节　关于博格达山“山根”问题的认识

地壳结构的部分真实情况，通常认为，可以通过均衡重力异常特征来反映。当地壳完全处于均衡状态时，如果没有其他因素干扰，均衡重力异常值应接近于零，此时，大地水准面至均衡面之间缺失的物质正好由大地水准面以上多出的物质作为补偿。如果填补进去的物质数量超过了下面缺失的质量，则壳内就有比正常密度分布时多余的物质存在，此时均衡重力异常值表现为正值。以动力学角度来看，尽管构造力使山脉向上隆升，但是山脉向上隆升的高度并没有被均衡力作用下地壳下界面向下坳陷足够的深度作为补偿，也就是通常所说的“山根”不够深，因而地壳并未达到均衡，这种情况称之为补偿不足。如果没有足够数量的物质去填补下面质量的亏损，则地壳内这种质量的亏损将引起负的均衡重力异常，这说明地壳下界面已超过正常地壳的深度，故这种状态又称为补偿过剩。所谓“补偿”，就是地表出现多余的山的质量对山下“亏损”质量进行的补偿。按照 Airy 均衡模式，山的隆起若被莫霍面在山下的坳陷有了足够的补偿，地壳则达到了均衡状态。当莫霍面在山下的坳陷正好补偿了山的隆起使地壳达到均衡时，计算出的均衡重力异常近于零。当莫霍面的坳陷太浅，不足以补偿山的隆起时，将使得均衡重力异常值大于零；当莫霍面的坳陷太深，过多地补偿了山的隆起时，将使得均衡重力异常值小于零。不管是补偿过剩，还是补偿不足，都意味着地壳并未达到均衡状态，地壳将继续进行均衡调整。如地壳厚度变化、上地幔密度的横向变化、地壳密度的横向变化等，都是基于地壳内质量的迁移来使地壳趋于均衡状态。

一、均衡重力异常特征

同布格重力异常一样，吐哈盆地及邻区均衡重力异常（图 5 – 16）总体有三大特征：异常走向宏观呈近东西向及北西西向展布；异常值由南向北呈东西成排、南北成块高低分带相间分布；重力高与重力低之间密集梯级带发育。

尽管均衡重力异常与布格重力异常宏观特征一致，但是也存在很多差异：柳园一带显示均衡重力异常为相对高值带；库米什 – 石英滩、阿拉塔格 – 野马泉一线均衡重力异常显示为带状重力低；吐鲁番 – 鄯善 – 哈密一线均衡重力异常低值带与吐哈盆地范围更为吻合；库米什西北部地势较高的山区显示为均衡重力异常

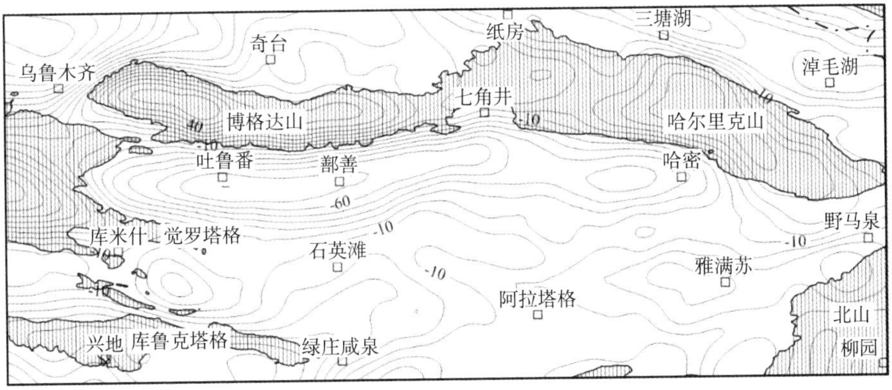

图5-16 吐哈盆地及邻区及邻区均衡重力异常及主要山体(1500m海拔高程线)分布图

高值带；哈尔里克山显示为均衡重力异常高值带；三塘湖-淖毛湖一线均衡重力异常低值带与地表出露的中-新生界更为吻合；乌鲁木齐北侧显示为异常值较低的均衡重力异常低值带；准噶尔盆地东部地区重力异常高值带没有那么明显。

对比吐哈盆地及邻区均衡重力异常图(图5-16)、布格重力异常图(图4-1)以及地表地质图(图2-3)可以发现，地壳表层、浅层地质结构明显与均衡重力异常之间存在对应关系，一般均衡重力异常相对高值区域多位于密度相对较高的古生界、前寒武纪古老基岩及密度相对较高的侵入岩出露地区，而均衡重力异常相对低值区域多分布在密度相对较低的火山岩、密度相对较低的沉积岩充填的断陷、凹陷地区和密度相对较低的侵入岩出露地区。

二、对博格达山“山根”的认识

均衡重力异常图(图5-16)显示，博格达山均衡重力异常值极大值约为$69.5\times10^{-5}m/s^2$，吐哈盆地为极小值约为$-80.1\times10^{-5}m/s^2$，准噶尔盆地极小值约为$-105.5\times10^{-5}m/s^2$。均衡重力异常总体呈近东西及北西西向展布，博格达山南北两侧明显存在梯度变化较陡的均衡重力异常梯级带。从宏观上看，包括吐哈盆地及准噶尔盆地东部的整个博格达山地区地壳处于相对稳定的状态(胥颐，1996)。虽然该区表面上地壳处于相对稳定的状态，但是吐哈盆地及准噶尔盆地与博格达山之间的均衡重力异常值仍然相差较大。因此，需要通过上地幔的隆起来消除盆地中密度相对较小的沉积物和地形相对较低造成的地壳质量补偿的剩余补偿部分。山体区域的正均衡异常表明，博格达山地区地壳上部质量过剩造成了地壳下部的补偿不足，必然导致深部物质的亏空，均衡调整的结果必然造成以山体的下降来满足该区“山根”的质量需要。盆地的抬升和山体的下降都是相对而言的，这样就从而在理论上保持博格达山地区处在均衡状态(胥颐，1996)。实际上，前人研究表明，新疆地区地壳垂直形变速率表现为由南向北递增，准噶尔等盆地却处于相对的下沉状态，北天山处于强烈抬升状态，最大值达17.8mm/a(彭树森，1993)，正好出现了一种反均衡的现象。均衡理论认为，不管是正均衡重力异常，还是负均衡重力异常，都意味着均衡被破坏，曾经历过强烈的构造运动，地壳处于不均衡状态，理论上应朝着恢复均衡的方向发展，然而天山地区却出现了反均衡现象，表明天山地区的均衡破坏仍在继续(胥颐，1996)。

按照重力均衡概念，博格达山的布格重力异常应是急剧下降，是与西天山同样为布格重力低异常带。但恰恰相反，这个地区海拔5445m的博格达峰和博格达山脉表现为布格重力高异常带(图5-17)。这也表明博格达山仍然处于显著重力不均衡状态。汪振文及王宜昌对重力异常进行了解释，认为博格达重力高与密度较高的基性岩浆有关，可能是地表基性岩浆体的根(汪振文，1988；王宜昌，1997)。这也得到了地表地质及地学断面资料的支持。地表地质图显示博格达山地表有大量基性岩出露，阿尔泰-阿尔金地学断面显示博格达山下地壳上部发育规模较大的高速体(王有学等，2004)。

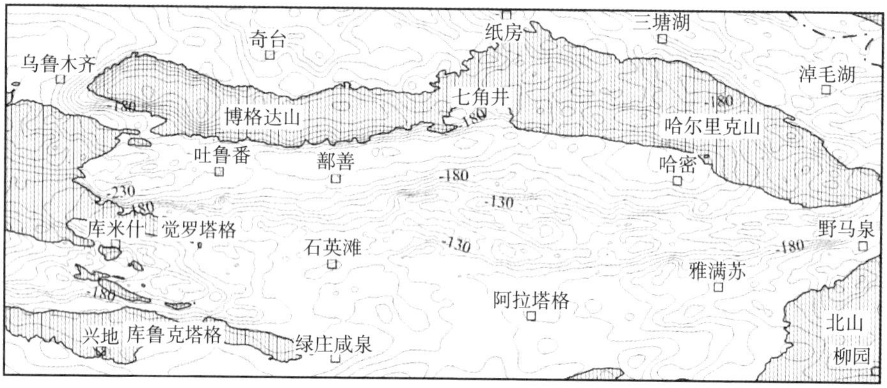

图5-17 吐哈盆地及邻区布格重力异常及主要山体(1500m海拔高程线)分布图

博格达山作为近代剧烈上升的高山，从均衡角度看高山区应有山根。阿尔泰-阿尔金地学断面虽然未经过博格达山主峰，但是剖面解释结果明显显示博格达山区域内木垒-七角井段的莫霍面比准噶尔盆地东部要深约5km，比吐哈盆地要深约3km(袁学诚等，2000；王有学等，2004)，表现出莫霍面下坳的特征。

莫霍面深度及主要山体分布图(图5-18)显示，自东向西，博格达山莫霍面深度逐渐增大，最深约55km，而北侧准噶尔盆地东部及南侧吐哈盆地的莫霍面深度显然比博格达山要浅一些，差约8km，这也得到了乌鲁木齐西侧深地震反射剖面(刘保金等，2007)及库尔勒-吉木萨尔剖面(赵俊猛等，2004)的资料支持。

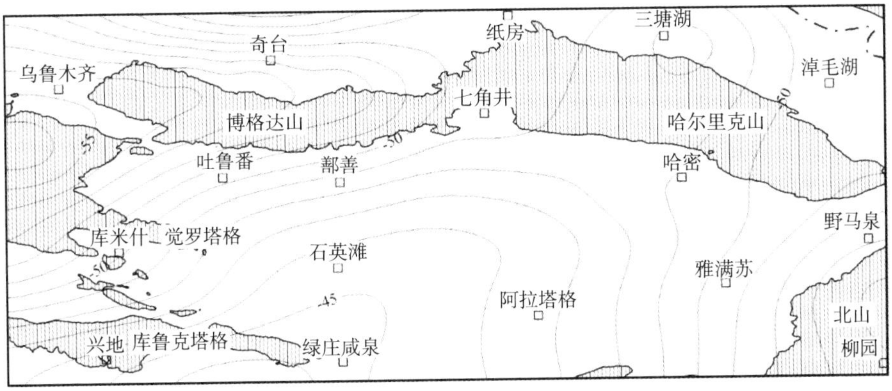

图5-18 吐哈盆地及邻区莫霍面深度及主要山体(1500m海拔高程线)分布图

博格达峰高5445m，自乌鲁木齐东侧开始，向东超过200km、南北宽约30km的山体海拔高度大于3000m，而准噶尔盆地及吐哈盆地海拔高度总体低于1000m，博格达峰南侧托克逊县城海拔高度甚至低于100m。Airy均衡理论认为，在山区均衡时，山每增高1km，“山根”就增加4.45km(曾华霖，2005)。基于Airy均衡理论，博格达山的“山根”厚度介于9~24km之间。博格达山的莫霍面下陷，说明博格达山存在“山根”，并且自西向东“山根”厚度逐渐变小，这和李涛等的认识基本一致，不同之处在于过了七角井，仍然存在“山根”，大致在七角井以东约50km处基本消失。

显然，现有资料表明，博格达山的“山根”远小于理论厚度，这就造成博格达山现今仍然处于不均衡状态，仍然会朝着恢复均衡的方向发展。

参考文献

[1]Allen M B, Windley B F, Zhang C. Palaeozoic collisional tectonics and magmatism of the Chinese Tien Shan, central Asia[J]. Tectonophysics, 1993, 455(1-4): 61-76.

[2]Becker J J, Sandwell D T, Smith W H F, et al. Global Bathymetry and Elevation Data at 30 Arc Seconds Resolution: SRTM30_ PLUS[J]. Marine Geodesy, 2009, 32: 355-371.

[3]Charvet J, Shu L S, Laurent-Charvet S. Paleozoic structural and geodynamic evolution of eastern Tianshan (NW China): Welding of the Tarim and Junggar plates[J]. Episodes, 2007, 30(3): 162-186.

[4]Chen C M, Lu H F, Jia D, et al. Closing history of the southern Tianshan oceanic basin, western China: An oblique collisional orogeny[J]. Tectonophysics, 1999, 302: 23-40.

[5]Dilek Y, Furnes H. Ophiolite genesis and global tectonics: Geochemical and tectonic fingerprinting of ancient oceanic lithosphere[J]. GSA Bulletin, 2011, 123(3-4): 387-411.

[6]Forsberg R, Olesen A, Munkhtsetseg D, et al. Downward continuation and geoid determination in Mongolia from airborne and surface gravimetry and STRM topography[C]. Proceeding of International Forum on Strategic Technology, 2007: 470-475.

[7]Furnes H, De Wit M, Staudigel H, et al. A vestige of Earth´s oldest ophiolite[J]. Science, 2007, 315(5819): 1704-1707.

[8]Gao J, Li M S, Xiao X C, et al. Paleozoic tectonic evolution of the Tianshan orogen, northwestern China[J]. Tectonophysics, 1998, 287(1-4): 213-231.

[9]Kusky T M, Li J H, Tucker R D. The Archean Dongwanzi ophiolite complex, North China Craton: 2.505-billion-year-old oceanic crust and mantle[J]. Science, 2001, 292(5519): 1142-1145.

[10]Lei R X, Wu C Z, Gu L X, et al. Zircon U-Pb Chronology and Hf isotope of the Xingxingxia granodiorite from the Central Tianshan zone (NW China): Implications for the tectonic evolution of the southern Altaids[J]. Gondwana Research, 2011, 20: 582-593.

[11]Miyashiro A. The Troodos ophiolitic complex was probably formed in an island arc[J]. Earth and Planetary Science Lerrers, 1973, 19(2): 218-224.

[12]Pearce J A, Lippard S J, Roberts S. Characteristics and tectonic significance of supra-subduction zone ophiolites[J]. Geological Society, 1984, 16: 77-94.

[13] Sandwell D T, Garcia E, Soofi K, et al. Towards 1 - mGal Global Marine Gravity from CryoSat - 2, Envisat, and Jason - 1[J]. The Leading Edge, 2013, 32: 892 - 899.
[14] Sandwell D T, Smith W H F. Global marine gravity from retracked Geosat and ERS - 1 altimetry: Ridge Segmentation versus spreading rate[J]. Journal of Geophysical Research, 2009, 114: 1 - 18.
[15] Sandwell D T, Müller R D, Smith W H F, et al. New global marine gravity model from CryoSat - 2 and Jason - 1 reveals buried tectonic structure[J], Science, 2014, 346(6205): 65 - 67.
[16] Shervais J W. Ti - V plots and the petrogenesis of modern and ophiolitic lavas[J]. Earth and Planetary Science letters, 1982, 59(1): 101 - 118.
[17] Smith W H F, Sandwell D T. Global seafloor topography from satellite altimetry and ship depth soundings[J], Science, 1997, 277: 1957 - 1962.
[18] Wang Z H, Sun S, Li J L, et al. Paleozoic tectonic evolution of the northern Xinjiang, China: Geochemical and geochronolgical constrains from the ophiolites[J]. Tectonics, 2003, 22(2): 1 - 14.
[19] Xiao W J, Zhang L C, Xia Z C, et al. Petrogenesis of Carboniferous rift - related volcanic rocks in the Tianshan, northwestern China[J]. GSA Bulletin, 2004, 116(3 - 4): 419 - 433.
[20] Zhang C, Dong Y, Yuan B, et al. A genesis analysis of the regional gravity and magnetic anomalies in the Northeastern Xinjiang, Northwest China[J]. Petroleum Science and Technology, 2014, 32(17): 2075 - 2085.
[21] 安玉林，管志宁，杨明．三维磁性层反演方法[J]．地球物理学报，1990，33(Sup.)：265 - 277.
[22] 安玉林，管志宁．滤除高频干扰的正则化稳定因子[J]．物探化探计算技术，1985，7(1)：13 - 23.
[23] 安玉林，张明华，黄金明，等．纯球坐标系内各项重力校正值计算方案和过程[J]．物探与化探，2010，34(6)：1 9.
[24] 白文吉，任有祥，王书蓉，等．新疆洪古勒楞蛇绿岩岩石学矿物学和铬铁矿成因[J]．中国地质科学院研究所所刊，1986，14：1 - 49.
[25] 曹荣龙．新疆北部蛇绿岩及基性 - 超基性杂岩[J]．新疆地质，1994，12(1)：25 - 31.
[26] 曾华霖．重力场与重力勘探[M]．北京：地质出版社，2005：93 - 100.
[27] 陈根文，邓腾，夏换，等．新疆西天山巴音沟与蛇绿岩伴生的洋岛玄武岩—主微量元素证据[J]．岩石矿物学杂志，2012，31(6)：831 - 842.
[28] 成守德，徐新．新疆及邻区大地构造编图研究[J]．新疆地质，2001，19(1)：33 - 37.
[29] 邓振球．东天山航空磁异常特征及地质解释[J]．新疆地质，2002，20(4)：320 - 325.
[30] 董连慧，屈迅，朱志新，等．新疆大地构造演化与成矿[J]．新疆地质，2010，28(4)：351 - 357.
[31] 董云鹏，张国伟，周鼎武，等．中天山北缘冰达坂蛇绿混杂岩的厘定及其构造意义[J].

中国科学 D 辑 地球科学，2005，35(6)：552 - 560.
[32]董云鹏，张国伟，周鼎武，等．中天山北缘干沟蛇绿混杂岩带的地质地球化学[J]．岩石学报，2006，22(1)：49 - 56.
[33]冯治汉，刘宽厚，郭培虹，等．西北地区重磁场特征及其应用研究[M]．武汉：中国地质大学出版社，2018：1 - 3.
[34]高振家，陈晋镳，陆松年，等．新疆北部前寒武系：前寒武纪地质[M]．北京：地质出版社，1993：1 - 83.
[35]管志宁，安玉林．区域磁异常定量解释[M]．北京：地质出版社，1991：21 - 217.
[36]郭华春，钟莉，李丽群．哈尔里克山口门子地区石英闪长岩锆石 SHRIMP U - Pb 测年及其地质意义[J]．地质通报，2006，25(8)：928 - 931.
[37]郭召杰，马瑞士，郭令智，等．新疆东部三条蛇绿混杂岩带的比较研究[J]．地质论评，1993，39(3)：226 - 247.
[38]郭召杰，史宏宇，张志诚，等．新疆甘肃交界红柳河蛇绿岩中伸展构造与古洋盆演化过程[J]．岩石学报，2006，22(1)：95 - 102.
[39]郭召杰，谢艳霞，马军．新甘交界红柳河辉长质糜棱岩的超显微影像特征及其形成动力学环境分析[J]．地球学报，1999，24(4)：383 - 387.
[40]韩文中，欧阳征健，岳艳，等．新疆巴音沟蛇绿混杂岩带中硅质岩及硅质泥岩的元素地球化学特征及其形成环境[J]．西北地质，2009，42(2)：55 - 63.
[41]何国琦，李茂松，刘德权，等．中国新疆古生代地壳演化及成矿[M]．乌鲁木齐：新疆人民出版社，1994，1 - 437.
[42]何国琦，李茂松．中亚蛇绿岩带研究进展及区域构造连接[J]．新疆地质，2000，18(3)：193 - 202.
[43]胡霭琴，王中刚，涂光炽．新疆北部固体地球科学系列书：新疆北部地质演化及成岩成矿规律[M]．北京：科学出版社，1997：1 - 8.
[44]胡霭琴，韦刚健，邓文峰，等．天山东段 1.4Ga 花岗闪长质片麻岩 SHRIMP 锆石 U - Pb 年龄及其地质意义[J]．地球化学，2006，35(4)：333 - 345.
[45]胡霭琴，韦刚健，江博明，等．天山 0.9Ga 新元古代花岗岩 SHRIMP 锆石 U - Pb 年龄及其构造意义[J]．地球化学，2010，39(3)：197 - 212.
[46]胡霭琴，韦刚健，张积斌，等．天山东段天湖东片麻状花岗岩的锆石 SHRIMP U - Pb 年龄和构造演化意义[J]．岩石学报，2007，23(8)：1795 - 1802.
[47]黄建华，金章东，李福春．洪古勒楞蛇绿岩 Sm - Nd 同位素及时代界定[J]．科学通报，1999，44(9)：1004 - 1007.
[48]嵇少丞，王茜，邵同宾，等．新疆榆树沟麻粒岩 - 橄榄岩地体：南天山北缘出露地表的古生代大陆壳 - 幔过渡带[J]．大地构造与成矿学，2014，38(3)：473 - 494.

[49]简平，刘敦一，张旗，等．蛇绿岩及蛇绿岩中浅色岩的 SHRIMP U－Pb 测年[J]．地学前缘，2003，10(4)：439－456.
[50]金成伟，黄萱，徐永生，等．洪古勒楞－阿尔曼太蛇绿岩及其与成矿座椅的关系：新疆矿产资源基础研究[M]．北京：科学出版社，2001：27－51.
[51]李超，肖文交，韩春明，等．新疆北天山奎屯河蛇绿岩斜长花岗岩锆石 SIMS U－Pb 年龄及其构造意义[J]．地质科学，2013，48(3)：815－826.
[52]李锦轶，何国琦，徐新，等．新疆北部及邻区地壳构造格架及其形成过程的初步探讨[J]．地质学报，2006a，80(1)：148－168.
[53]李锦轶，王克卓，孙桂华，等．东天山吐哈盆地南缘古生代活动陆缘残片：中亚地区古亚洲洋板块俯冲的地质记录[J]．岩石学报，2006b，22(5)：1087－1102.
[54]李锦轶，张进，杨天南，等．北亚造山区南部及其毗邻地区地壳构造分区与构造演化[J]．吉林大学学报(地球科学版)，2009，39(4)：584－605.
[55]李锦轶．新疆东部新元古代晚期和古生代构造格局及其演变[J]．地质论评，2004，50(3)：304－322.
[56]李锦轶．新疆东准噶尔蛇绿岩的主要特征及其侵位历史[J]．岩石学报，1995，11(Suup.)：73－84.
[57]李立．中国大陆地壳上地幔电性特征[J]．地球物理学报，1996，39(Sup.)：130 － 140.
[58]李涛，王宗秀，周高志，等．新疆博格达山分段及深浅构造转换关系[J]．地学前缘，2004，11(3)：103－114.
[59]李廷栋．中国岩石圈构造单元[J]．中国地质，2006，33(4)：700－710.
[60]刘宝金，沈军，张先康，等．深地震反射剖面揭示的天山北缘乌鲁木齐坳陷地壳结构和构造[J]．地球物理学报，2007，50(5)：1464－1472.
[61]刘峰标．阿勒泰古板块与内生矿产[J]．西北地质，1983，4：14－21.
[62]刘伟，张湘炳．乌伦古－斋桑泊构造杂岩带特征及其地质意义：新疆北部固体地球科学新进展[M]．北京：科学出版社，1993：210－228.
[63]刘训，李廷栋，耿树方，等．中国大地构造区划及若干问题[J]．地质通报，2012，31(7)：1024－1034.
[64]龙晓平，袁超，孙敏，等．库鲁克塔格地区最古老岩石的发现及其地质意义[J]．中国科学：地球科学，2011，41(3)：291－298.
[65]马瑞士，王赐银，叶尚夫，等．东天山构造格架及地壳演化[M]．南京：南京大学出版社，1993：11－61.
[66]牛贺才，单强，张兵，等．东准噶尔扎河坝蛇绿混杂岩中的石榴角闪岩[J]．岩石学报，2009，25(6)：1484－1491.
[67]潘桂棠，肖庆辉，陆松年，等．中国大地构造单元划分[J]．中国地质，2009，36(1)：

1 - 28.
[68]彭树森．大地形变测量所反映的天山最新构造运动[J]．内陆地震，1993，7(2)：136 - 141.
[69]秦静欣，郝天珧，徐亚，等．关于中国海陆莫霍面深度图编绘的思考[J]．地球物理学进展，2009，24(5)：1593 - 1601.
[70]任纪舜，王作勋，陈炳蔚，等．中国及邻区大地构造图[M]．北京：地质出版社，1999.
[71]石彦，鲁新便，汤良杰，等．塔里木盆地深部地质结构和盖层构造分析[M]．北京：地质出版社，1999：1 - 95.
[72]石玉若，刘敦一，张旗，等．中天山干沟一带花岗质岩类 SHRIMP 年代学及其构造意义[J]．科学通报，2006，51(22)：2665 - 2672.
[73]舒良树，王赐银，马瑞士．南天山北缘麻粒岩残迹与辉石相韧性变形研究[J]．地质科学，1996，31(4)：375 - 383.
[74]苏会平，司国辉，张超．新疆北天山巴音沟南侧发育早泥盆纪蛇绿岩及其构造意义[J]．陕西地质，2014，32(1)：33 - 38.
[75]唐红峰，苏玉平，刘丛强，等．新疆北部克拉美丽斜长花岗岩的锆石 U - Pb 年龄及其构造意义[J]．大地构造与成矿学，2007，31(1)：110 - 117.
[76]涂亚辉，李津，刘宽厚，等．新疆(天山)东部区域物探资料综合研究及成矿远景区圈定[R]．西安：地质矿产部第二综合物探大队，1991.
[77]汪帮耀，姜常义，李永军，等．新疆东准噶尔克拉美丽蛇绿岩的地球化学特征及大地构造意义[J]．矿物岩石，2009，29(3)：74 - 82.
[78]汪炳柱，徐世浙，陈培善．利用 ΔT 异常反演居里面深度的一种新方法[J]．石油地球物理勘探，1999，34(2)：137 - 147.
[79]汪振文．中国天山区域地球物理特征及深部地壳构造[J]．新疆地质，1988，6(2)：29 - 34.
[80]王德贵，李丽群，伏红霞．东天山大盐池西闪长岩锆石 SHRIMP U - Pb 测年—对伴生超基性岩时代下限的制约[J]．地质通报，2006a，25(8)：963 - 965.
[81]王德贵，李丽群，李刚．东天山大盐池东花岗闪长岩锆石 SHRIMP U - Pb 测年[J]．地质通报，2006b，25(8)：960 - 962.
[82]王广瑞．中国新疆北部及邻区构造 - 建造图说明书[M]．武汉：中国地质大学出版社，1996：1 - 74.
[83]王鸿祯，何国琦，张世红．中国与蒙古之地质[J]．地学前缘，2006，13(6)：1 - 13.
[84]王润三，王居里，周鼎武，等．南天山榆树沟遭受麻粒岩相变质改造的蛇绿岩套研究[J]．地质科学，1999，34(2)：166 - 176.
[85]王宜昌．试论航磁异常与北疆裂谷系[J]．新疆石油地质，1997，18(4)：295 - 301.

[86]王有学，韩果花，姜枚，等．阿尔泰－阿尔金地学断面地壳结构[J]．地球物理学报，2004，47(2)：240－249.
[87]王在华，刘杰，周龙泉，等．天山中部地壳及上地幔三维速度层析成像[J]．内陆地震，2008，22(3)：203－211.
[88]吴波，何国琦，吴泰然，等．新疆布尔根蛇绿混杂岩的发现及其大地构造意义[J]．中国地质，2006，33(3)：476－486.
[89]吴华，李华芹，莫新华，等．新疆哈密白石泉铜镍矿区基性－超基性岩的形成时代及其地质意义[J]．地质学报，2005，79(4)：498－502.
[90]吴文奎，姜常义，杨复，等．南天山榆树沟－铜花山构造混杂体雏议[J]．西安地质学院学报，1992，14(1)：8－13.
[91]肖文交，Windley B F，阎全人，等．北疆地区阿尔曼太蛇绿岩锆石 SHRIMP 年龄及其大地构造意义[J]．地质学报，2006，80(1)：32－37.
[92]肖序常，汤耀庆，冯益民，等．新疆北部及其邻区大地构造[M]．北京：地质出版社，1992：1－157.
[93]熊小松，高锐，李秋生，等．深地震探测揭示的西北地区莫霍面深度[J]．地球学报，2010，31(1)：23－31.
[94]修群业，于海峰，李铨．卡瓦布拉克岩群花岗闪长岩单颗粒锆石 U－Pb 年龄[J]．新疆地质，2002，20(4)：335－337.
[95]胥颐．重力均衡与天山的构造运动[J]．内陆地震，1996，10(3)：209－216.
[96]徐向珍，杨经绥，郭国林，等．新疆天山地区榆树沟－铜花山蛇绿岩特征和构造背景[J]．岩石学报，2011，27(1)：96－120.
[97]徐学义，李向民，马中平，等．北天山巴音沟蛇绿岩形成于早石炭世：来自辉长岩 LA－ICPMS 锆石 U－Pb 年龄的证据[J]．地质学报，2006b，80(8)：1168－1176.
[98]徐学义，马中平，夏林圻，等．北天山巴音沟蛇绿岩斜长花岗岩锆石 SHRIMP 测年及其意义[J]．地质论评，2005，51(5)：523－527.
[99]徐学义，夏林圻，马中平，等．北天山巴音沟蛇绿岩斜长花岗岩锆石 SHRIMP 锆石 U－Pb 年龄及蛇绿岩成因研究[J]．岩石学报，2006a，22(1)：83－94.
[100]徐元芳，Barraclough D R，Kerridge D J．地壳磁化强度模型和居里等温面[J]．地球物理学报，1997，40(4)：481－486.
[101]许继峰，陈繁荣，于学元，等．新疆北部阿尔泰地区库尔提蛇绿岩：古弧后盆地系统的产物[J]．岩石矿物学杂志，2001，20(3)：344－352.
[102]许萍，傅容珊，黄建平，等．利用地震层析成像数据修正中国西北地区莫霍界面深度[J]．地震学报，2005，27(6)：598－604.
[103]杨经绥，徐向珍，李天福，等．新疆中天山南缘库米什地区蛇绿岩的锆石 U－Pb 同位素

定年：早古生代洋盆的证据[J]. 岩石学报，2011，27(1)：77－95.
[104]杨梅珍，吴宏恩，杨高学. 东准噶尔克拉美丽SSZ型蛇绿岩地球化学及其构造意义[J]. 岩石矿物学杂志，2009，28(5)：251－263.
[105]杨雪，范正国，黄旭钊，等.2015. 新疆梧南地区航磁异常特征分析及找矿标志研究[J]. 地质与勘探，51(6)：1033－1040.
[106]于福生，李金宝，王涛. 东天山红柳地区蛇绿岩U－Pb同位素年龄[J]. 地球学报，2006，27(3)：213－216.
[107]于福生，王春英，漆家福，等. 甘新交界红柳河地区早志留世蛇绿混杂岩的厘定及大地构造意义[J]. 矿物岩石，2000a，20(4)：60－66.
[108]于福生，王涛，王春英，等. 甘新交界红柳河地区加里东晚期－海西早期韧性变形特征[J]. 西安工程学院学报，2000b，22(4)：37－39.
[109]袁炳强，张春灌. 重磁勘探[M]. 北京：石油工业出版社，2015：154－292.
[110]袁炳强，张春灌，宋立军，等. 新疆东部主要含煤区区域重磁资料处理解译[R]. 西安：西安石油大学，2012.
[111]袁学诚，华九如，邹光华，等. 中国地球物理图集[M]. 北京：地质出版社，1996.
[112]袁学诚，耶哥洛夫. 北冰洋－欧亚大陆－太平洋地学断面[M]. 北京：科学出版社，2000.
[113]张弛，黄宣. 新疆西准噶尔蛇绿岩形成时代和环境的探讨[J]. 地质论评，1992，38(6)：509－524.
[114]张驰. 新疆蛇绿岩某些地质特征[J]. 地质论评，1981，7(4)：307－314.
[115]张春灌，袁炳强，李玉宏，等. 基于重磁资料的渭河盆地氦气资源分布规律[J]. 地球物理学进展，2017，32(1)：344－349.
[116]张春灌，袁炳强，李玉宏. 吐鲁番中南部地区航磁异常特征及其地质意义[J]. 地球物理学进展，2019，34(5)：1811－1817.
[117]张春灌. 新疆东北部盆山构造及深部结构的地球物理约束[D]. 西安：西北大学，2015.
[118]张海洋，牛贺才，Terada K，等. 新疆北部阿尔泰地区库尔提蛇绿岩中斜长花岗岩的SHRIMP年代学研究[J]. 科学通报，2003，48(12)：1350－1354.
[119]张恺. 新疆三塘湖盆地板块构造演化特征及其含油气远景评价[J]. 新疆石油地质，1993，14(1)：1－13.
[120]张明华，乔计花，黄金明，等. 重磁电数据处理解释软件RGIS[M]. 北京：地质出版社，2011：91－97.
[121]张明华，贺颢，乔计花，等. 青藏高原区域重力调查成果综合研究[M]. 北京：地质出版社，2015：52－55.
[122]张玄杰，郑广如，范子梁，等. 新疆西天山东段航磁异常特征及找矿效果[J]. 地球物

理学进展，2012，27(1)：335 -342.
[123]张元元，郭召杰．甘新交界红柳河蛇绿岩形成和侵位年龄的准确限定及大地构造意义[J]．岩石学报，2008，24(4)：803 -809.
[124]张元元，郭召杰．准噶尔北部蛇绿岩形成时限新证据及其东、西准噶尔蛇绿岩的对比研究[J]．岩石学报，2010，26(2)：421 -430.
[125]赵恒乐，许凡，张冀，等．东准噶尔克拉美丽蛇绿岩形成时代、地质特征及构造意义[J]．新疆地质，2012，30(2)：161 -164.
[126]赵俊峰，施小斌，丘学林，等．南海东北部居里面特征及其石油地质意义[J]．热带海洋学报，2010，29(1)：126 -131.
[127]赵俊猛，黄英，马宗晋，等．准噶尔盆地北部基底结构与属性问题探讨[J]．地球物理学报，2008，51(6)：1767 -1775.
[128]赵俊猛，李植纯，程宏岗，等．天山造山带岩石圈密度与磁性结构研究及其动力学分析[J]．地球物理学报，2004，47(6)：1061 -1067.
[129]赵文智，袁非，曾晓明．吐鲁番 -哈密盆地的构造特征[J]．石油学报，1992，13(3)：9 -18.
[130]郑广如，张德润．吐鲁番 -哈密盆地岩石磁性调查[J]．新疆石油地质，1987，8(1)：25 -28.
[131]周国庆．塔里木大陆东北缘加里东期蛇绿岩套的发现及其构造意义[J]．南京大学学报(自然科学版)，1988，24(1)：39 -52.